名士家风

方鹏 陈宝琳 / 主编

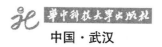

中国·武汉

图书在版编目(CIP)数据

名士家风/方鹏,陈宝琳主编.—武汉:华中科技大学出版社,2019.3
(中华家风系列丛书/杨叔子主编)
ISBN 978-7-5680-4987-0

Ⅰ.①名… Ⅱ.①方… ②陈… Ⅲ.①家庭道德-中国-通俗读物
Ⅳ.①B823.1-49

中国版本图书馆 CIP 数据核字(2019)第 021315 号

名士家风
Mingshi Jiafeng

方　鹏　陈宝琳　主编

总　策　划：姜新祺
策划编辑：杨　静　谢　荣
责任编辑：黄　验
封面设计：红杉林文化
责任校对：李　琴
责任监印：朱　玢
出版发行：华中科技大学出版社(中国·武汉)　　电话：(027)81321913
　　　　　武汉市东湖新技术开发区华工科技园　　邮编：430223
录　　排：华中科技大学惠友文印中心
印　　刷：湖北新华印务有限公司
开　　本：880mm×1230mm　1/32
印　　张：5.5
字　　数：122 千字
版　　次：2019 年 3 月第 1 版第 1 次印刷
定　　价：29.80 元

本书若有印装质量问题,请向出版社营销中心调换
全国免费服务热线：400-6679-118　竭诚为您服务
版权所有　侵权必究

目 录

第一部分　教育篇　　　　　　　　　1
　第一节　孔子:诗礼立身　　　　　　2
　第二节　泰瑛:循规教子　　　　　　10
　第三节　刘寔:言传身教　　　　　　15
　第四节　陈省华:教子当严　　　　　21
　第五节　徐思诚:教以尊重　　　　　29

第二部分　为学篇　　　　　　　　　39
　第一节　梁启超:学重耕耘　　　　　40
　第二节　王羲之:勤学苦练　　　　　50
　第三节　祖冲之:勤奋钻研　　　　　57
　第四节　程雪梅:读书正业　　　　　67
　第五节　李言闻:实践真知　　　　　75

第三部分　品德篇　　　　　　　　　85
　第一节　蔡邕:修身正心　　　　　　86

第二节	范武子:谦虚慎己	93
第三节	敬姜:戒奢戒怠	101
第四节	胡质:清廉公正	109
第五节	郑板桥:忠厚博爱	117

第四部分　志向篇　127

第一节	嵇康:立志守志	128
第二节	司马谈:孝亲立身	137
第三节	陆游:报国恤民	145
第四节	夏允彝:民族正气	154
第五节	顾炎武:家国忠贞	163

第一部分

教 育 篇

第一节　孔子：诗礼立身

"不学诗,无以言。""不学礼,无以立。"这是我国至圣先师孔子在《论语》中提出的经典教育思想。它提醒我们:谈吐行事能够彰显自身修养,在读《诗经》、学礼的过程中,我们既能了解自然、洞察社会、精通礼数,又能提升语言、丰富情感、修身养性。所以,"修身、齐家、治国、平天下"中,人格的完善是齐家治国的前提。为人父母者,常以修身为出发点,来教育子女、塑造家风,进而濡染后人、化成天下。在子女教育这方面,孔子的母亲颜徵在为天下父母树立了良好的榜样。

家世渊源

孔子姓孔名丘,字仲尼,鲁国陬邑(今山东曲阜)人,是我国古代伟大的思想家、教育家,他创办私学、删定六经,创立了儒家学派,也为我国古代家庭教育奠定了重要的理论基础。我们在称道孔子对中国教育的杰出贡献时,应当认识到,作为孔门家风的重要体现者,孔子不仅奠定了孔门后代的家学渊源,也影响了中国几千年文化教育发展的方向。然而,在孔子成长的过程中,我们不能忽略一个人,她为孔氏一族的家学风范做出了积极的贡献,也为中国家庭教育提供了好的范例。她就是孔子的母亲颜徵在。

孔子生于鲁襄公二十二年(公元前551年),卒于鲁哀公十六年(公元前479年)。周初"三监之乱"后,为了安抚商朝的贵族及后裔,周公以周成王之命封商纣王的庶兄微子启在商丘建立宋国,奉殷商祀。微子启死后,其弟微仲即位,微仲是孔子的十五世祖。六世祖得"孔"这一姓氏,称孔父嘉。孔父嘉是宋国大夫,曾为大司马,封地位于宋国栗邑(今河南夏邑),后来在宫廷内乱中被太宰华督父所杀。孔子的曾祖父孔防叔为逃避宋国内乱逃到鲁国,从此,孔氏在陬邑(今山东曲阜)定居,变成了鲁国人。孔防叔的孙子叔梁纥就是孔子的父亲。

叔梁纥是鲁国当时有名的武士,人品出众,立过两次战功,曾因单臂托住悬门让冲进城池的部队撤出而闻名。叔梁纥曾任陬邑大夫,他的正室施氏生了九个女儿,却没有一个儿子,小妾虽然生了长子伯尼(一说叫孟皮),但这孩子天生有腿部残疾。按照当时的规矩,女儿和有残疾的儿子都不能续嗣,叔梁纥因此向颜襄求娶他的女儿。

据《孔子家语》记载,颜氏有三个女儿,最小的一个叫颜徵在。颜襄问他的三个女儿:"陬邑大夫叔梁纥,父亲、祖父为卿士,他是先圣王裔。他身高十尺,武艺高强,我很喜欢他。叔梁纥年纪有点大,有些严厉,但是我觉得这些都不是什么问题。你们三个谁愿意做他的妻子?"两个大女儿都默不作声,只有小女儿颜徵在上前回答说:"一切都听从父亲的安排,父亲不用再问了。"颜襄听出了小女儿的言外之意,说:"你嫁给他能行。"于是,颜襄就将小女儿嫁给了叔梁纥。

此时,叔梁纥已经66岁,而颜徵在却只有15岁,由于年龄相差悬殊,二人成婚于礼数有些不合,因为当时结婚生子的合适年龄是男性应该在16至64岁之间,女性应该在14至49岁之间。凡是在这个年龄范围之外的都是不合礼仪的。叔梁纥于是和颜徵在搬到尼山居住，不久，颜徵在怀孕了，于鲁襄公二十二年（公元前551年）十月在陬邑昌平乡生下孔子。这就是《史记·孔子世家》里记载的所谓"纥与颜氏女野合而生孔子"。相传颜徵在曾祷告求子于尼丘山，而后才怀有身孕，此外，孔子出生时头顶凹陷，因此，叔梁纥给孔子取名为丘，字仲尼。

鲁襄公二十四年（公元前549年），孔子三岁的时候，父亲叔梁纥病逝，母亲颜徵在失去庇佑，被正室施氏逐出家门。颜徵在带着孔子的庶兄孟皮与孔子移居到曲阜阙里，过着极其清贫的生活。尽管父亲早逝、正室驱逐给颜徵在母子带来了巨大的不幸，但这位不平凡的母亲却在孔子的教育上逐渐显现出孔门家风家教的优势，因为她理解丈夫叔梁纥年近七十仍然坚持娶妻生子，就是为了让孔家能够有个顶门立户、光耀门楣的后嗣。

为母则强

传说孔子天资聪颖，母亲教他说话，往往一遍即会，并且铭记不忘。但这仅仅是个人天资的优势，至于"学什么""如何学"则与母亲颜徵在的教导有很大的关系。

颜徵在出身书香门第，在孔子很小的时候，她就教导孔子要做一个心存理想、不断进取的人。颜徵在深谙学习之道，认为兴趣是最好的老师，并且，她认为一个人只有学礼、知礼才能在社会上立足。因此，她自小就引导孔子了解礼仪、学习礼仪，激发孔子学礼、知礼的兴趣。

当时，孔子居住的地方与宗府离得不远，每到祭祀的时候，颜徵在总会想办法让孔子前去参观。所以，孔子从小就对祭祀礼仪非常熟悉。《史记·孔子世家》记载："孔子为儿嬉戏，常陈俎豆，设礼容。"意思是说孔子经常会寻找一些东西玩"过家家"的游戏，来模仿祭祀之礼——上香、献爵、奠酒、行礼、读祝、燔柴。据说孔子六岁时，和邻居阿牛一起玩母亲教他的"礼容"的游戏。他们在街上摆出锅中陶制的豆、盘等东西——这些东西是孔子的母亲织了半匹布，专门托邻巷的伍浮子为孔子制作的。在游戏中，孔子扮演相国，阿牛扮演国君，孔子满脸严肃，一本正经地对阿牛鞠躬行礼。忽然，阿牛从国君的位置上跳了起来，指着孔子背后笑起来，他正想说话，孔子抬起头来，严厉地瞪了他一眼，说："国君怎么可以在祭祀的时候不讲礼仪，随便离开座位呢，而且还嘻嘻哈哈，成何体统？"阿牛丝毫不理会，仍然笑着说："你真是好奇怪的一个人，这个游戏一点儿都不好玩。"孔子板着脸说："这是母亲教我的，她说'礼'是文王、周公两个大圣人制定的，应该好好学习，她还编了这个'礼容'的游戏让我玩，明明很好玩嘛。"很显然，此时的孔子在母亲颜徵在的引导下，已经掌握了一些基本的礼仪。

作为母亲，颜徵在将这一切看在眼里。她笑着问儿子："你天天以此为消遣，难道是想学会了礼制，去做礼官不成？"这种言语的引导其实是要激发孔子深入学习的强烈欲望，鼓励他去追求更高层面的东西——她要把儿子培养成为一个有学问、懂礼仪、能出人头地的人。

当颜徵在感到自己的引导与教育无法满足儿子的需求时，她转而向自己的父亲颜襄求助。孔子的外祖父颜襄是一位博古通今的学者，他非常喜欢这个天资聪颖、好学不倦的外孙，于是倾尽自己的才学教导他。颜襄引导孔子："在做人方面，君子应当有三方面的思虑:一是年少的时候不勤奋学习,年长之后一无所长;二是年老的时候不传授教学,死后就会无人纪念;三是家有余财不肯布施,到时候自己穷了就无人会出手救助。在为官方面:若将来能够出仕,身居高位,执掌国权,应当效法远祖尧、舜的治国方略,恪守文王、武王的法度,顺应天时,察看地利。这样,小的成就是可以教民安乐,大的成就则可以平治天下,自己可以成为顶天立地的大圣人。"颜襄的倾心教诲帮助孔子形成了自己的人生观、价值观。

孔子遵从母亲的嘱托,刻苦读书,稍微长大一些,就外出做事,赚取酬劳,孝顺母亲。《史记·孔子世家》记载:"孔子长大了,做些帮人算账、管理畜牧等事宜。"等到他十七岁的时候,已经和父亲一样身材伟岸,做事勤恳。颜徵在看到儿子读书"学无常师",几乎"无师自通",非常欣慰。遗憾的是,她没能够看到儿子更为辉煌的成就,终因操劳过度而病逝,享年竟不足三十五岁(公元前537年逝世)。孔子在母亲去世后依照礼制服丧三年。

孔子,一代至圣先师,竟是由一位年轻的寡母教养出来的。这位母亲,能够认识到人的一切行为都必须以礼为最高的行为准则,并且时刻关注儿子的学习变化,理解并帮助他培养自立的品格。这样的母亲值得后世的父母尊重与学习。

诗 礼 相 传

母亲的教导让孔子对自己子女的教育也十分重视,他看重"诗"学,同样重视"礼"教,把"诗""礼"看作是立身处世的基本原则。

孔子十九岁时,娶宋人亓官氏的女儿为妻。一年后,亓官氏为孔子生下一子。孔子当时是管理仓库的委吏,深得鲁昭公赏识。鲁昭公派人送来一条大鲤鱼表示祝贺。孔子以国君亲自赐予贺礼为莫大的荣幸,因此,给自己的儿子取名为鲤,字伯鱼。孔鲤五十岁时先于孔子离世,《论语》中记载了孔子对孔鲤施教的点滴,我们由此可以窥见孔门家学的延续。

《论语·季氏》中记载,孔子的弟子陈亢询问伯鱼(孔鲤)是否在老师(孔子)那里获得不同的教诲。伯鱼想了想回答说:"有一次父亲独自站在庭堂中,我毕恭毕敬地走过,他问我:'学过《诗》没有?'我回答说:'没有。'他说:'不学《诗》,便不善于说话。'于是,我回去后就开始学《诗》。"这里,《诗》即是西汉以后被尊为儒家经典的《诗经》,又称《诗三百》。孔子很重视《诗》的学习。《论语·阳货》中记载,孔子曾说:"怎么能不学《诗经》呢?《诗经》可以激发情志,可以观察自然与社会,可以结交朋友,可以讽谏怨刺不平之事。在家可以侍奉父母,出仕为官可以侍奉君王,还可以知道不少鸟兽草木的名称。"这是孔子著名的"兴观群怨"说,其中的"事父""事君"关系到孝、忠等基本伦理道德规范,对后世的影响很大。

伯鱼还告诉陈亢:"过了一段时间,他又问我:'学过《礼》了吗?'我回答说:'没有。'他说:'不学《礼》,就无法立足社会。'我回来以后就开始学《礼》。"这里,《礼》是指《礼记》。孔子非常重视学礼,要求人们非礼勿视、非礼勿听、非礼勿言、非礼勿动,认为人的一切言行都以礼为最高准则,言行只有符合"礼"的标准,才能成为道德品质优良的人。这一点与其母亲颜徵在对教育的认识有着相似性。

陈亢听了伯鱼的话非常高兴地说:"我问了一件事,却知道了三件事:学《诗》的重要性、学《礼》的重要性,同时,还知道老师对自己儿子的教育并没有特别的关照。"

这就是"孔鲤过庭"的典故，后世用它来比喻子女、学生接受家长、老师的教诲，"鲤庭"则被用来表示教育的场所。

《论语·阳货》中还记载，孔子对伯鱼说："你读过《周南》《召南》吗？一个人如果不读《周南》《召南》，就好像面对墙壁站着而无法前进。"《周南》《召南》是《诗经》中的名篇，孔子把它们当作学礼的教材，来表达"不学礼，无以立"的观点。

由此可见，孔子尽管忙于自己的事业，但从未疏于对儿子孔鲤的教育，他从"诗""礼"入手，目的是让儿子认识到治学与修身是有机统一的。孔鲤去世后，留有一个儿子孔伋，也主要由孔子教导。

孔伋，字子思，大约生于周敬王三十七年（公元前483年），卒于周威烈王二十四年（公元前402年）。孔伋出生时，孔子68岁，孔伋的父亲孔鲤去逝，加之后来母亲改嫁，所以，教育孔伋的重任就落在孔子的肩上。孔子对孔伋寄予厚望，在教育方面，仍然坚持"诗礼立身"的原则。

《圣门十六子书》中记载：孔子晚年闲居，有一次喟然叹息，子思（孔伋）问他是不是担心子孙不学无术、辱没家门。孔子很惊讶，问他如何知道的。子思回答说："父亲劈了柴而儿子不背就是不孝。我要继承父业，所以从现在开始就要十分努力地学习，丝毫不敢松懈。"孔子听了孔伋的话之后，欣慰地说："我不用再担心了。"

在祖父的教育下，孔伋逐步接受了儒家的思想。后来，孔子去世，孔伋又跟随曾子继续学习。因此，《圣门十六子书》中说："子思从曾子学业，诚明道德，有心传焉，乃述其师之意，穷性命之原，极天人之奥，作《中庸》书，以昭来世。"孔伋师从曾子继续学习，事实上也是继续学习孔子思想的真传，表现之一便是他也十分重视"礼"，也身体力行遵守礼仪。据说,孔伋得知生母去世后,就在孔氏之庙痛哭,他的门人对他说:"庶氏之母死,何为哭于孔氏之庙乎?"意思是,孔伋的母亲改嫁了,现在去世了,孔伋在孔氏祠堂哭泣是不符合礼仪的。孔伋恍然大悟,连连承认是自己的过错,"遂哭于他室"。后来,孔伋阐发了孔子的中庸之道,著成《中庸》一书,被收在了《礼记》里。

孔子、孔鲤、孔伋,孔门三代,孔子被尊为"圣人""至圣先师",孔伋被尊为"述圣",唯独孔鲤一生毫无建树。可能在很多人看来这是孔门家学教育的遗憾,然而有一个故事却能引发我们的思考。

据说孔子回到鲁国之后,孔子、孔鲤、孔伋祖孙三代在一起聊天。这时,孔鲤对天下闻名的父亲孔子说:"你的儿子啊不如我的儿子。"接着,又扭过头来对才华横溢的儿子孔伋说:"你的父亲啊不如我的父亲。"可以想象,孔鲤把这句话说完之后,定然是祖孙三代哈哈大笑。但是,我们可以想见这笑声背后更多的应该是心酸和反思。历史上的孔鲤一生的确毫无建树,他为了成就父亲的事业,让孔子没有后顾之忧,甘愿选择了平凡,勤勤恳恳地照顾家庭、赡养父母,这原本就是一种甘于平凡的姿态,本身就符合孔子教育提倡的首要礼仪——"修身"。这种在平凡中追求人格的完美,是一种心境、一种幸福、一种智慧、一种境界。孔鲤其实用自己的一生告诉了我们一个事实:孔子和孔伋的成就不单单是他们个人的成就,"军功章"里也应该有孔鲤的一半。

《劝学》有言道:"人学始知道,不学非自然。"每个人的成长都离不开学习,因为学习使人明智,学习使人知礼,学习使人正行。而父母长辈在子女学习成长的过程中起着关键的引导作用,只有明确教育的方向,加以正确的引导,才能推动子女健康成长。个人的健康成长推及整个家庭、家族,乃至国家,整个社会、国家才能呈现出良性繁荣的局面。

附:相关历史史料节选

陈亢问于伯鱼曰:"子亦有异闻乎?"

对曰:"未也。尝独立,鲤趋而过庭。曰:'学诗乎?'对曰:'未也。''不学诗,无以言。'鲤退而学诗。他日,又独立,鲤趋而过庭。曰:'学礼乎?'对曰:'未也。''不学礼,无以立。'鲤退而学礼。闻斯二者。"

陈亢退而喜曰:"问一得三:闻诗,闻礼,又闻君子之远其子也。"

——《论语·季氏》

子谓伯鱼曰:"女为《周南》《召南》矣乎?人而不为《周南》《召南》,其犹正墙面而立也与!"

——《论语·阳货》

第二节　泰瑛:循规教子

《孟子·离娄章句上》有言曰:"不以规矩,不能成方圆。"这句话原本是孟子要求当政者实施仁政时能够"法先王""选贤才"的呐喊,蕴含着健全制度、规则之意。后来,这句话成了人们日常生活中的名言警句。的确,在日益复杂、紧张的社会竞争中,到处充斥着是与非、正与邪,如果没有"规矩",往往会使人感到困惑与无助,因此,人们对"规矩"日益重视。聚焦当下的家庭,独生子女居多,很多父母本身就是独生子女,因此,在家庭教育方面,往往包容、迁就多于严格、严肃,以至于最后,子女像脱缰的野马一样毫无约束。要知道,家庭教育是国民素质教育的起点,它直接影响着整个国家和民族的文明程度。如果家庭教育没有"规矩"可循,那么子女将难以成人成才。在家学传承教育中,南郑杨矩的妻子泰瑛教子有方,严格遵循教育的"规矩",使子女正道直行、有所成就,无疑给当下父母教育子女以重要的启示。

家教从严

西晋南郑(今属陕西)杨矩的妻子叫泰瑛,益都人,是掌管朝祭礼仪之事的大鸿胪刘巨公的女儿。泰瑛从小受到良好的家庭教育,为人贞节和顺,通达礼仪。她嫁给杨矩后生养了六个孩子,其中四个儿子、两个女儿。杨矩在世时,儿女颇受其教导,无奈他英年早逝,将六个孩子留给泰瑛一人抚养,可想而知是多么艰难。然而,泰瑛对子女要求非常严格,只要他们日常学习、生活有什么问题,就耐心说服指正,很有"虎妈"的味道。

泰瑛的长子叫杨元琮,字元珍,性情自由放荡,不太注意规矩礼节。父亲在世时,尚能对他有些约束,虽然行为时时有不检点之处,但是并没有做出什么过分的事情。然而,父亲去世后,元珍感觉没人管束得了他了,于是,他在思想和行为上开始放任自己,成天和一些不爱读书的富家子弟胡吃海喝。长兄行为如此,对弟弟妹妹的影响是可想而知的。泰瑛对此非常恼怒,多次严厉地批评元珍,但他都不思悔改。

有一次,晚饭时间过去很久了元珍还没有回家,泰瑛估计他又和那群酒肉朋友出去花天酒地了,于是,就思量着怎么能给他一点儿教训。果然不出泰瑛所料,没过一会儿,元珍满脸通红,跟跟跄跄地回来了。他不知道又在哪里喝得酩酊大醉,嘴里不停地吐出呛人的酒气。

三国时期经学家王肃在《家戒》中说:"夫酒,所以行礼养性命欢乐也,过则为患,不可不慎。"意思是说,饮酒对他人是一种礼节的表达方式,对自己是一种怡心养性的行为,都是为了增强欢乐气氛。但我们必须把握一个"度",过量饮酒,酒就成了一种祸害,甚至会给人带来灾难,因此,我们面对酒不能不慎重。元珍的母亲泰瑛作为知礼之人,怎能不知道这些道理?这也是她反对儿子酗酒的原因。这一次,元珍明知故犯,泰瑛自然要从严管教,否则,他一定会沾染上恶习,后果将不堪设想。

话说元珍昏昏沉沉地睡了一夜,第二天起床后,就把昨晚醉酒的事情忘得一干二净。当他有事要找母亲泰瑛时,泰瑛根本不理他。第三天、第四天……一连十天,泰瑛对待元珍都是这个态度。这时,元珍慌了,意识到母亲这次是真生他的气了,他有些后悔。于是,他跪在母亲面前,检讨自己的错误:"儿子不孝,不务正业,整天吃吃喝喝,惹您生气了,以后,我再也不犯这样的错误了。"元珍请求母亲原谅他。泰瑛还是不理会他,甚至连看都不看他一眼。而元珍呢,就一直跪在地上不起来,苦苦乞求母亲的原谅。这时,看到儿子的确有痛改前非之意的泰瑛才扭过头,生气地对儿子说:"你父亲去世得早,留下你们兄妹六人,我一个寡母抚养你们容易吗?你是哥哥,本来是应该给弟弟妹妹做个学习的榜样,帮我带好他们,但是,你看你自己现在天天在外面吃吃喝喝,你让他们向你学习什么?和你一样学着出去酗酒?我如今还在,你就这样胡作非为,将来我老了,不在人世了,还不知道你要胡闹到什么地步?像你这样做哥哥,我怎么能够放心呢?"

元珍听了母亲的话,深受震动,他向母亲一再保证,从此以后,再也不出去胡闹,一定学好,给弟弟妹妹做个好榜样。

面对同样的问题,可能很多家长都会选择包容、谅解,甚至认为孩子长大以后,自然就会明白很多道理,改变自己的行为举止。殊不知,年少时的心性、行为往往会影响人的一生。如果身为父母,选择一时的迁就,可能会带来无法挽回的后果。

在饮酒习性方面,不单是作为母亲的泰瑛有着清醒的认识,对儿子有严格的管束,后世也有很多家族在此方面有着明确的规定。在浙江省浦江县的郑氏家族,曾被明太祖朱元璋亲赐"江南第一家",它历经宋、元、明三朝三百多年时间,相继十五代人同财同食,是个和睦相处的大家族。郑氏家族的《郑氏规范》中有一条就是:"子孙年未三十者,酒不许入唇,壮者虽许少饮,亦不宜沉酗杯酌,喧呶鼓舞,不顾尊长,违者箠之。"意思是说,郑氏子孙年纪不到三十岁不允许喝酒,壮年时期可以喝酒但不能贪杯,更不能不顾尊长吵闹喧哗,如果违反这一条规矩,就要棍打、鞭抽以示惩戒。

所以说,为人父母者,在子女家教方面应当有规可依,管束当严,一定不能以慈当先,放任自流。

结 交 益 友

泰瑛在子女的教育方面恪守规矩,"严"字当头,一方面是希望他们有责任心,体现在对长子元珍的教育上;另一方面也包含着对子女结交益友的期待,体现在泰瑛对次子仲珍的教育上。

泰瑛的次子仲珍,年少时虽然不像大哥元珍那样与一帮富家子弟吃吃喝喝、不务正业,但交往的朋友也是一些不求上进的人。有一次,仲珍没有经过母亲的同意,就邀请了一些朋友来家里做客。泰瑛一看这群人,都是一些不求上进之人,心里很是担忧。事后,泰瑛对仲珍说:"结交的朋友都是有德有才之人,这样才能互相帮助、互相促进,彼此的德才才会有长进。你仔细想想,你结交的这些朋友对你有什么帮助呢?"仲珍听了母亲的话,觉得非常有道理,连连点头称是,后来逐渐疏远了这些朋友。

交友是人的基本需要,对一个人成长和发展的意义重大。结交朋友,一定要选择人品好,正直,有责任心、爱心的人,这些人就是所谓的益友。与他们交往,可以沟通感情、交流思想、共同进步、共同发展。反之,如果交友不慎,小则损人害己,大则祸国殃民。因此,泰瑛对元珍、仲珍的交友就十分重视,唯恐儿子交友不慎。

对此,明代的王阳明在《客坐私祝》中总结说:"但愿温恭直谅之友,来此讲学论道,示以孝友谦和之行,德业相劝,过失相规,以教训我子弟,使无陷于非僻。不愿狂憸惰慢之徒,来此博弈饮酒,长傲饰非,导以骄奢淫荡之事,诱以贪财黩货之谋。冥顽无耻,扇惑鼓动,以益我子弟不肖。呜呼!由前之说,是谓良士;由后之说,是谓凶人。我子弟苟远良士而近凶人,是谓逆子,戒之戒之!"言下之意,那些具有谦恭、正直、诚信等高尚品格的人是值得深交的,相反,冥顽贪婪、骄奢淫逸之人则要敬而远之,这样才能全身避祸。

杨家正是因为有这样一位严厉的母亲泰瑛,才使得子女在成长的路上都能正道直行,颇有出息。

《颜氏家训》里讲:"是以与善人居,如入芝兰之室,久而自芳也;与恶人居,如入鲍鱼之肆,久而自臭也。……君子必慎交游焉。"从寡母泰瑛对元珍、仲珍的家庭教育范例中,我们可以看到,正如严师出高徒一样,严母出贤子。为人父母者,没有不希望子女能成龙成凤的,而怎样才能让子女成龙成凤呢?在子女成长的启蒙教育中,固然需要慈爱、包容,但切不可丢掉"严"字,丢了"严"字,弱化了"规矩"的存在价值,子女在为人、交友、行事等方面就少了原则、底线,人生风险等级也就提高了。

附:相关历史史料节选

泰瑛,南郑杨矩妻,大鸿胪刘巨公女也。有四男二女。矩亡,教训六子,动有法矩。长子元珍出行,醉,母十日不见之,曰:"我在,汝尚如此;我亡,何以帅群弟子?"元珍叩头谢过。次子仲珍白母请客,既至,无贤者,母怒责之。仲珍乃革行,交友贤人,兄弟为名士。泰瑛之教,流于三世;四子才官,隆于先人。故时人为语曰:"三苗止,四珍复起。"

——《华阳国志》卷十(下)

第三节　刘寔:言传身教

家庭,是社会的细胞、人生的学校、"规矩"的摇篮。父母作为子女成长的第一任老师,是家规家风的垂范者、孕育者。当下,我们常以"言传身教"来强调父母在子女家庭教育方面耳濡目染、潜移默化的重要意义。殊不知,很多为人父母者,并没有真正理解"言传身教"的真谛,并将它落实到实际的家庭教育中,他们或许像西晋的刘寔一样,片面地理解了"言传身教"的内涵,导致在子女教育方面出现了一定的疏漏,为家族留下家规家风传承的些许遗憾,也给后世为人父母者敲响了家庭教育的警钟。

身 教 楷 模

刘寔,字子真,西晋高唐(今山东高唐)人。他经历了武帝、惠帝、怀帝三朝,由子爵、伯爵进封侯爵,还担任过尚书、司空、太保、太尉、太傅等高官,享年九十一岁。

刘寔的父亲叫刘广,曾任斥丘县的县令。但是,身处魏晋这个乱世,刘家并没有因为有个当县令的父亲,日子好过到哪里去,更何况这个县令父亲又早早地去世了。据《晋书》记载,刘寔"少贫苦,卖牛衣以自给。然好学,手约绳,口诵书,博通古今"。所谓"薄屋出恭亲"大概便是如此吧。一个搓绳做牛衣,甚至做过乞丐来维持生计的少年郎,却早早地懂事了,他知道要更加努力勤奋,所以,即使干活儿的时候,刘寔也不忘记吟诗诵书,希望通过自己的努力来改变命运、光宗耀祖。最终,他做到了。

一方面,刘寔精通儒学。他曾著有《春秋条例》一书二十卷,《左氏牒例》一书二十卷。刘寔还有一个弟弟叫刘智,也是个大学问家。据说当时有位叫管辂的人对刘家兄弟二人非常推崇,他曾经说:"我与刘颍川(指刘智,他曾任颍川太守)兄弟交谈,感到神思清发,一天到晚都没有困倦之意,和除他们之外的其他人交谈,白天也会感到困倦。"由此可见,刘家兄弟虽然出身贫寒,但能通过自己的勤奋努力拥有突出的学问,获得他人的尊敬。

另一方面,刘寔品德高尚。刘寔年少家贫时,挂着棍子徒步行走,每逢到了休息的地方,他都不打扰主人,砍柴、烧水一类的事情都自己料理。后来,刘寔做官了,地位显赫,但他仍能严于律己,注重品德修养,崇尚简约朴素,不追求奢华。

《世说新语》中记载了一个关于刘寔如厕的故事。

这里要提到西晋当时的首富石崇。有一次,刘寔有事上门去拜访他,恰好内急,想借石崇家的厕所一用。结果呢,他一步跨进去,就被眼前的景象给惊呆了:只见那屋内摆着华丽的被褥,墙上挂着锦绣帐帷,旁边侍立着手捧香囊的美貌丫鬟。见此情景,刘寔吓得赶紧退了出来,对石崇说:"对不起,我错进你的内室了。"

石崇听了,得意扬扬地说:"你并没有走错,你进去的,正是我家的厕所呀!"

原来,那屋子里面的丫鬟是守厕婢女。刘寔只好再次走了进去,可是,最终他还是走了出来,对石崇说:"我还是到别的厕所去吧。"

这个故事如若放在今天,可能很多人会笑话刘寔没见过世面。诚然,刘寔的家底与石崇相比是差了许多,但是,我们都明白"由俭入奢易,由奢入俭难"的道理,刘寔虽然身居高位,但他却没有府第宅院,为官所得的俸禄,都用于赡养亲属、帮助故旧了。试想,如果刘寔没有克勤克俭、表里如一的品行,也倾其所有,甚至贪污腐败,去建造一个类似的奢华厕所,那么,到了石崇家的厕所里还至于会诧异而不习惯使用吗?

此外,刘寔生活在礼教衰微的西晋时期,但他却依礼行事、正道直行。当大多数人挖空心思、不择手段地去争着做官、大捞钱财的时候,刘寔却写下《崇让论》,倡导大家互相谦让。在第一任妻子的丧期里,刘寔按照苴杖居庐的制度办丧事,坚决不与其他女子同房,严格恪守儒家的礼仪。

正如当时在朝的左丞相刘坦所言,刘寔一生凭借清廉纯朴的节操,持久不变的高洁品质,志向正大,越老越坚定,由此,才赢得了很好的口碑。据《晋书》记载,刘寔去官归乡二十多年后,惠帝去世,他不顾年迈体弱,赶赴京师祭奠。不久,怀帝即位后,再次授予刘寔太尉之职加以起用,但刘寔因自己年迈而坚决加以推辞。后来不得已,怀帝赐给刘寔几杖,不参加朝见,国家大政随时请教于他。

《论语·子路》有言曰:"其身正,不令而行;其身不正,虽令不从。"作为家长,刘寔一生表里如一、笃学不倦、克勤克俭、依礼行事,无疑为子女树立了良好的榜样,成为家庭教育中"身教先于言教"的典范。然而,刘寔的家庭教育到底怎样呢?

言 教 缺 失

刘寔一共有两任妻子。第一任妻子卢氏在生下儿子刘跻后去世了,华家要把女儿嫁给刘寔。刘寔的兄弟劝他说:"华家一家子人大多贪婪,你如果娶了他家的女儿,将来必定会败坏门风、招来祸患的。"但是,刘寔推辞不了,最终还是娶了华氏作为第二任妻子,并生下了儿子刘夏。

按理说,生活在父亲刘寔身边,耳濡目染、潜移默化,子女应当受到父亲高尚品德的影响。但令人不解的是,刘夏是个"坑爹"的娃,他遗传了华氏家风,和父亲刘寔的品行完全两样。刘夏为官时,刘寔在镇南军司的任上。后来,刘夏因为贪赃枉法而东窗事发,牵连到了父亲,清正廉洁的刘寔被朝廷免了官职。后来,朝廷重新起用刘寔做大司农,掌管全国的农业生产。但是,刘寔刚复出做了一阵子的官,又因为刘夏受贿再次被免。作为父亲的刘寔着实委屈啊。

此时,刘寔年纪也大了,干脆就回到山东高唐的老家。每次回乡探亲,乡亲们都会用车拉着酒肉款待他。刘寔每次都难以拒绝乡亲的招待,但是,他总是与大家吃喝完毕后,将剩下的酒肉退了回去。当和朋友谈起自己因儿子而被罢官的这段经历,刘寔心里总是有个疙瘩。后来,有位朋友对刘寔说:"是啊,您品行高洁一世,是出了名的清官。为什么儿子却不能这样呢?您怎么没有好好教育他们,教他们学习您的良好品行、为官之道,让他们改过自新呢?"刘寔听了有些不以为然,说:"我的所作所为没有任何人教我,还不是世代流传下来的,子女们对此都一清二楚。他们自己不能效仿我,这难道是我反复说教就能改变的吗?这应该是性格决定命运,而不是教诲能够改变的。"

刘寔的这番言论在很多人看来是正确的,因为"蓬生麻中,不扶而直"。就连被誉为"中兴第一名臣"的曾国藩都认为"身教先于言教"。然而,刘寔的朋友却不这么认为。的确,儿子出了问题,首先应当由他自己负责。但是,身为父亲,只知道注意自己的品行修养,并指望儿子从自己的言行中获得教化,不主动地、有针对性地去引导、教育儿子,这也是不对的。因为,"身教"固然重要,但如果没有适时地加以必要的"言教",那么"身教"发挥的作用也不会明显。刘寔错就错在,在家庭教育方面,没有意识到"身教"与"言教"是相辅相成的,他过于强调"身教",而忽视了"言教"的作用,由此,没能取得良好的教育效果。

好在朋友的分析使刘寔深受启发,他意识到小儿子刘夏的违法犯罪行为与他不正确的教育思想有着直接的关系。自此,刘寔切实负起了自己作为父亲的教育责任,既注重"身教",也注重"言教"。在他的培养教育下,长子刘跻发展不错,后来官至散骑常侍。

刘寔教育子女的经历告诉我们,在家庭教育方面,父母必须意识到子女在接受教育方面的模仿学习是具有主观能动性的,他们在对周围人示范性影响的接受上并不是消极的、被动的。所以,一方面,家长以身作则是家庭教育成功的首要的前提。就如苏联教育家马卡连柯说的一样:"父母对自己的要求,父母对自己家庭的尊重,父母对自己一举一动的检点,这是首要的和最基本的教育方法。"父母希望自己的子女将来成为什么样的人,自己就要首先成为那样的人。这就是《孟子·滕文公上》中所说的:"上有好者,下必有甚焉者矣。"但是,另一方面,父母也要意识到,子女在对身教影响的接受反应方面也会受到自己已有知识、经验、思想意识的影响和制约,面对父母的"身教"引导,他们可能会按照这种行为模式去做,也可能不认同,行为模式与之背道而驰。因此,父母在"身教"的同时,要随时随地进行必要的"言教",循循善诱地告诉子女为什么要做那样的人。只有"身教"与"言教"二者切实配合,才能优势互补,取得最佳的家庭教育效果,也才能减少刘寔那样的家庭教育遗憾。

附:相关历史史料节选

寔少贫苦,卖牛衣以自给。然好学,手约绳,口诵书,博通古今。

寔少贫窭,杖策徒行,每所憩止,不累主人,薪水之事,皆自营给。及位望通显,每崇俭素,不尚华丽。

——《晋书·列传第十一》

第四节　陈省华:教子当严

当下,独生子女是特定时代的一个特殊种群,他们以自身的独特性打败了许许多多的教育理论,以至于在面对子女的家庭教育问题时,父母很多时候都显得拘谨而无助——子女因其"独"而心理脆弱,因其"独"而霸道任性,父母也会因其"独"而过度宠溺,因其"独"而害怕失去。面对这些独特的教育对象,作为父母究竟是应该宠爱,还是应该严格呢?复旦大学钱文忠教授认为:"我不相信教育是快乐的,请别再以爱的名义对孩子让步。"的确,在家庭教育方面,父母不能打着"爱"的旗帜无条件地纵容子女,也不能过分地苛责子女,而是要尝试着追求一种真诚的爱与严格的要求相结合的教育方式,要严得有理、有度、有爱。在这样的家庭教育环境中成长的孩子才会自律、自爱、有发展前景。在这方面,北宋陈省华的教子方略值得家长反思借鉴。

家 世 渊 源

今天的阆中市东山南岩有几个别名叫书岩、读书岩、台星岩、状元洞。明代嘉靖时期的《保宁府志》有记载说:"南崖乃南唐高士安隐居之所,陈尧叟三兄弟读书于此。"这个南岩(崖)位于大象山上,是天然岩穴,长34米,深约20米,穴口高4米。北宋陈省华的三个儿子陈尧叟、陈尧佐、陈尧咨三兄弟曾在此读书。后来,陈尧叟、陈尧咨高中状元,陈尧佐中了进士,故南岩有"状元洞"之称。又因为陈尧叟、陈尧佐官至宰相,陈尧咨文武双全,官至节度使,成为将军,又有"将相堂"之说。仁宗至和二年冬至嘉祐元年春,苏轼过阆中题"将相堂"刻于石壁。后来因为北宋真宗时,真宗为阆中市的三陈故里读书处御题"紫薇亭"名,又得了"星岩"之名。阆中因此而闻名。

陈家三子世称"三陈",陈省华本人也是进士出身,故陈家也有"一门四进士"的荣称。而陈省华的孙女婿傅尧俞也是状元,与陈家三子并称为"陈门四状元"。

从古到今,达官显贵人家的儿子多是玩世不恭、纨绔无用之辈,但是陈省华的三个儿子能取得如此成就,不能不说他教子有方。

《宋史》记载,陈省华(939年—1006年),字善则,原内蒙古河朔人。曾祖父陈翔为唐末并门的书记官,王建进入四川后,陈翔被任用为从事,追随王建左右。后来陈翔因为向王建陈述迁顺的利弊,劝王建不要称帝而违忤了王建,被王建派出做了四川的新井县令。后来,陈翔弃官居住在西水,他的儿子陈诩听说后,带着妻子、子女与陈翔团聚,移居阆中县。陈氏一家由此定居阆中。

陈省华才智过人、处事精干、注重水利、善于理财,最初为官担任的是西水县尉。公元965年,宋灭后蜀,陈省华授官陇城主簿,后来又改任栎阳令。担任栎阳令期间,郑伯渠为邻县强占,陈省华下令疏通水道,使两县均沾利益,获得了老百姓的拥护与支持。后来,陈省华调任苏州做知府时,一上任就遇上了水灾,他又组织人力收埋死者、赈济灾民、安置流民,取得了宋太宗的"诏书褒美"。陈省华还曾经临危受命做过郓州领事,负责治理黄河缺口。在那里,他亲自率领军民苦战,终于使黄河回归旧道。在治理黄河的过程中,宋太宗看出陈省华有理财的本领,又马上任命他担任受黄河危害的京东路的转运使。陈省华的努力既让陈氏家族享有"水利世家""经济世家"的荣誉,也为自己赢得了皇上的特殊礼遇。宋真宗时期,陈省华因为认真操劳而生病,真宗竟然"手诏存问,亲阅方药赐之"。

陈省华去世,皇帝特赠太子太师,加封秦国公。他的妻子冯氏被封为鄝国夫人,寿满108岁。

人说"虎父无犬子",这句话形容陈省华家族是再恰当不过了。如前所述,陈家三个儿子个个都有出息,而这一切,都与陈省华严格的家教是分不开。

严从己出

陈氏一门,父子尽是显贵,社会地位极高。除陈省华在朝为官,陈家长子陈尧叟(961年—1017年),字唐夫,端拱二年(989年)中了状元,官至光禄寺丞、直史馆,历任河南东道判官、工部员外郎,升任广南路转运使、广南安抚使。陈家次子陈尧佐(963年—1044年),字希元,端拱元年(988年)进士及第,历任魏县、中牟县尉,朝邑、真源诸县知县。陈尧佐同时又是水利专家,治水功劳卓著。并且擅长书法,能诗善文,著有文集《潮阳编》《野庐编》《遣兴集》《愚邱集》等三十卷。陈家三子陈尧咨(970年—1034年),字嘉谟。咸平三年(1000年)中状元,文武双全,历任将作监丞、通判、团练副使、右谏议大夫、集贤院学士、工部郎中、永兴军节度使、安国军节度使、武信军节度使等职。尽管三个儿子在外受人尊重,但是回到家里,家规极严,仍然要听命于父母,不敢逾越规矩。

在家里,陈省华常对家人说:"官职越高,越要严于律己,这样,才能取信于民!"据《宋史》记载,陈家来了客人,身居官位的陈尧叟兄弟几人也只能站立在父亲左右侍奉着,每次都弄得客人们很不好意思。

陈家家规之所以能对子女如此严格要求,是因为为人父母,他们也是严于律己的。

陈省华的妻子冯氏本人性格严厉,以节俭为本,不许子女奢侈浪费,即便是身居高位的儿子归来,如有不当之处,她也一定会施以杖击,加以管束。相传阆中南部的金鱼桥就是冯氏杖击三子陈尧咨的地方。更让人诧异的是,身在如此豪门,冯氏仍旧每天亲自带着儿媳妇下厨。

史书记载,陈家大儿子陈尧叟的妻子出身名门,是当朝工部尚书马亮的女儿。马氏在家时很受娇宠,从未下厨房做过饭。进入陈家后,公公陈省华就吩咐她下厨房。马氏虽然很不情愿,但也没有办法。不久,她实在不愿意在厨房待下去了,于是一天晚上,就对丈夫说:"你是当朝宰相,我是宰相夫人,还要天天下厨房,让人知道了岂不笑话?你去和父亲说说,免了我下厨房吧。"谁知陈尧叟听了摇摇头说:"我父亲对家人要求一向十分严格,说一不二,我可不敢去说。"

既然丈夫不愿意帮忙说情,第二天,马氏就找个借口回娘家搬救兵去了。见了父母,马氏便哭诉公公天天要她下厨房做饭的事。并且要挟说,要是陈家再让她下厨房,她就永远不回去了。父亲马亮一听,看女儿哭得像个泪人似的,就皱起了眉头,心想,陈家怎么能这样对待我的女儿呢?于是,马亮对女儿说:"我去找亲家说说,以后不让你下厨房便是了。"听到父亲这么说,马氏破涕为笑了。

不久后的一天,在上朝的路上,马亮遇到了陈省华,两人下车并肩而行。马良说:"亲家,我女儿从小娇生惯养,在家从未下过厨房,又不会做饭,以后你就别让她一个人天天下厨房给全家做饭啦。"

陈省华听了,心里很不高兴,感觉马亮是在指责陈家虐待他女儿。陈省华平复了一下情绪,对亲家说:"我并没有让她一个人做全家人的饭啊。你的女儿只是跟着我那笨拙的妻子在厨房里打打下手罢了。她年纪轻轻的,不去学学手艺,难道每天让她婆婆一个人做全家人的饭吗?"

马亮听说每天主持做饭的是陈省华的妻子、女儿的婆婆,他肃然起敬,惭愧地说:"亲家,对不住,我不了解情况。以后,我的小女就烦请你多多管教吧,我明天就让她回去。"可怜的马氏,向丈夫求救不成,现在父亲也站在陈家的立场赞成她下厨房,她也只好不再抱怨,天天跟着婆婆下厨房了。

教子甚严

陈省华夫妻二人严于律己、严格治家,言传身教毫不含糊。三个儿子个个有出息,并不是偶然的,都与他们教子严格有着直接的关系。

三儿子陈尧咨在年轻的时候,箭法极好,远近闻名。他能拿铜钱做靶子,让箭从铜钱中间的方孔不偏不倚地穿过去。同时,陈尧咨文采也很好,所以,当时很多人都认识他。

有一天,陈尧咨牵着一匹高头大马来到集市上。这匹马皮毛油光发亮,又高又壮,蹄脚有力,踩地是坑、踏石冒星。很多人都被这匹骏马吸引了,纷纷称赞这是一匹好马。陈尧咨呢,看着大家围着他问这问那,称赞他的马好,他也是得意扬扬的。这时,一位过往运货的商人走过来,仔细看了陈尧咨的马,给了一个高价,把马买走了。

陈尧咨拿了钱,悄悄地松了一口气,乐滋滋地回家了。原来,他卖掉的这匹马多年以来一直养在家里的马厩里,虽膘肥体壮却毫无用处,原因在于这马不听使唤、没法驯服,既不能驮货,也不能让人骑射,发起脾气来,抬腿踢人、张口咬人,家里不止一两个人受它的祸害了。如今,陈尧咨把它卖了个好价钱,肯定高兴啦,认为自己为陈家办了一件好事儿,省去了许多麻烦。

然而,就在卖掉那匹马的第二天早上,父亲陈省华散步时刚好经过马厩,发现那匹恶马不见了,就立刻追问家人恶马的去向。家人告诉陈省华,是陈尧咨把它卖了,而且还卖了一个好价钱。

陈省华一向为人正直,从不做昧良心、坑害别人的事情。他听说是自己的儿子把那匹恶马卖了,很是生气,立刻把三个儿子叫到屋里,明知故问:"你们谁把那匹马卖了?"陈尧咨回答道:"是我。""那你跟人家介绍了那匹马的情况没有?""没有,要是说了,谁还敢买呀。"陈省华一听陈尧咨的申辩,就更加生气了,严厉训斥道:"你卖掉了这匹马,只道是省了咱家的烦心事儿,可你为什么不替别人想想?那匹马在咱们家,有专门养马的人多年调教都没调教好。好了,现在你把它卖给一个生人,那人又不了解马的脾气,能不出事儿吗?能不伤人吗?你怎么能昧着良心干这种事儿呀!你还不快去把马给我追回来!"

陈尧咨听了父亲的训斥,立即骑上马,去追赶那位运货的商人。

名士家风

幸好,那位商人还没用那匹马驮货。于是,陈尧咨跟买马的商人讲明了马的真实情况,并郑重地道了歉,退了钱,把马又给牵了回来。

在古代,一个家庭能出一位状元就是光耀门楣的大事。陈省华一家父子四人皆为进士,其中两位中了状元,三位官至宰相,这可是家族的光辉业绩。令作为父亲的陈省华欣慰的,不是自己地位显赫,而是自己的儿子个个都超越了自己。

大儿子陈尧叟为官期间,勤政廉明、发展经济、改善民生,深得老百姓的拥戴。他57岁病重去世后,宋真宗为了表示对陈尧叟的恩宠,特意赐陈尧叟的大儿子进士出身。

二儿子陈尧佐在三兄弟中成就最大。他和大哥陈尧叟同一年进十及第,在官场上几起几落。但他公平公正,尤其擅长兴修水利,钱塘江堤坝的修整、汾水河的治理、黄河的治理等,他都立下了汗马功劳,是不折不扣的水利专家。

三儿子陈尧咨性格有些暴躁,后来他因为破格录取寒门学子而受到皇帝的赞赏。虽然陈尧咨是文科出身,但其成就都是武将方面的。陈尧咨64岁去世后,皇帝追赠他武将的最高官职太尉,连大文豪欧阳修都称赞他的箭法举世无双。

陈家三兄弟能够位极人臣、光宗耀祖,与其父母的严格教育是分不开的。普天之下,哪有不疼爱自己子女的父母?但对子女的爱,应该爱得有原则、有章法,不能因为纯粹的父母疼爱而忘记了教育的本分。当下,如果我们将陈省华夫妻放在家庭教育的领域里来比照,他们无疑是最牛的家长。在他们那个时代,社会都"以陈公(省华)教子为法,以陈氏世家为荣"。就连元朝著名的剧作家关汉卿也参考史料记载,把陈氏家族有关教育方面的故事演绎成了《状元堂陈母教子》的杂剧,来礼赞陈氏家族科第之盛皆因陈母教子有方。当今的父母理应对照陈省华夫妻来反思自己的教育理念与教育方法。

附:相关历史史料节选

宾客至,尧叟兄弟侍立省华侧,客不自安,多引去。

——《宋史·陈尧叟传》

陈省华对客,子尧叟、尧佐、尧咨列侍,客不安。省华曰:学生列侍,常也。

——《南部县志》

陈冯氏,南部人,陈省华妻,多智术,有贤行,教子以礼法,以尧叟贵,封鄢国夫人。

——《保宁府志》

文苑昭清誉,朝端仰盛才。

——宋真宗赵恒《赐尚书陈尧叟出判河阳》

尧叟伟姿貌,强力,奏对明辨,多任知数。久典机密,军马之籍,悉能周记。所著《请盟录》三集二十卷。

——《宋史·陈尧叟传》

马困炎天蛮岭路,棹冲秋雾瘴江流。辛勤为国亲求病,百越中无不治州。

——同科进士杨侃《送陈尧叟》

陈康肃公尧咨善射,当世无双。

——欧阳修《卖油翁》

金鱼桥在县西九十里,宋尧咨守荆南归,母冯氏问尧咨:汝典郡有何异政？答云：过客已见善射。母怒曰：不能以孝报国，一夫之技，岂父训哉。击以杖，追所佩金鱼，故名。

——《南部县志》

陈尧咨善射，百发百中，世以为神，常自号曰"小由基"。及守荆南回，其母冯夫人问："汝典郡有何异政？"尧咨云："荆南当要冲，日有宴集，尧咨每以弓矢为乐，坐客罔不叹服。"母曰："汝父教汝以忠孝辅国家，今汝不务行仁化而专一夫之伎，岂汝先人志邪？"杖之，碎其金鱼。

——《渑水燕谈录》

太尉陈尧咨为翰林日，有恶马，不可驭，蹄啮伤人多矣。一日父谏议入厩，不见是马，因诘圉人，乃曰："内翰卖给商人矣。"谏议遽谓翰林曰："汝为贵臣，左右尚不能制，旅人安能畜此？是移祸于人也。"亟命取马而偿其直。戒终老养焉。其长厚远类古人。

——《能改斋漫录》

第五节　徐思诚：教以尊重

大多数父母在教育子女的过程中都拥有很强的能力，他们能够比较准确地理解社会中"他者"的意图与要求，再自觉地将这些意图与要求渗透到对子女的家庭教育中。由此，从某种程度上讲，父母形成了家庭教育的"亲子教育霸权"。这种"亲子教育霸权"，换句话讲就是"我吃过的盐比你吃过的饭还要多，我走过的桥比你走过的路还要长"。所以，多数父母认为自己在子女的教育发展上认定的方向就是对的，子女必须无条件地服从。可是事实又怎样呢？很多残酷的、失败的教育案例告诉我们：所谓"君君臣臣、父父子子"的家长制文化已被当今社会淘汰，父母居高临下的"统治者"地位与子女俯首臣服的"被统治"地位引发的矛盾冲突必须引起我们足够的、必要的反思，并适时加以调整，才能形成子女成长的良好"范式"，达到"蓬生麻中，不扶而直"的教育效果。在这方面，明代的徐思诚为我们今天的家长做了表率。

一代牛人

很多人都知道徐家汇是上海繁荣的商业中心。但明朝晚期，这里却是上海县郊区一个不起眼的普通村落。后来，文渊阁大学士徐光启在此地建立农庄，逝世后又安葬在这儿，后辈们为他筑庐守墓，这个地方才渐渐为世人所熟知。后来，徐氏家族有一支在这里代代繁衍，形成村落，命名为"徐家库"。另外，徐家库为法华泾、肇嘉浜和漕河泾三水相汇之地，水运便利，周边多是徐家部分族群的聚居地，所以，此地又被称作"徐家汇"。清代咸丰十年（1860年）后，太平天国军队进军上海，许多难民又聚集到徐家汇，使这个地区人口增多、集市热闹，形成了徐家汇镇。明清时期，徐家汇是西学东渐的一个重要中心，而徐光启一族在西学东渐中又无疑是一个典型的范例。

徐光启（1562年—1633年），字子先，号玄扈，天主教圣名保禄。嘉靖四十一年（1562年），徐光启出生于松江府上海县，万历二十五年（1597年）他以顺天府解元中举，后于万历三十二年（1604年）成为进士。崇祯皇帝期间，徐光启曾担任礼部尚书，兼任文渊阁大学士、内阁次辅等职。

徐光启一生的主要成就并不仅仅因为他是一个政治家,被人尊为"徐阁老""徐阁学",更多的是因为他是一个科学家,他一生致力于数学、天文、历法、水利、军事等方面的研究,尤其是农业研究。这么一个万众瞩目的"牛人",留给后世太多宝贵的财富:在天文历法方面,徐光启主持修订历法,总编《崇祯历书》,亲自参与《测天约说》《大测》《日缠历指》《测量全义》《日缠表》等书的具体编译工作;在数学应用方面,徐光启和利玛窦共同翻译了《几何原本》;在农学研究方面,徐光启引进并推广甘薯种植,并著有《农政全书》《甘薯疏》《农遗杂疏》《农书草稿》《泰西水法》等农学著作,其中,《农政全书》不仅对后世中国,甚至对日、韩两国的农学发展都产生了深远的影响;在军事方面,徐光启惺倡汗重武器制造,是中国军事技术史上提出火炮运用理论的第一人,他还提倡选练士兵,撰写了《选练百字诀》《选练条格》《练艺条格》《束伍条格》《形名条格》《火攻要略》《制火药法》等军事条令和法典。此外,徐光启还是一位沟通中西文化的先行者,他是中国最早的一批天主教徒之一,不仅自己信奉天主教,还把天主教引入上海,开启了上海四百多年的天主教史,为上海发展为远东重要的天主教中心奠定了基础。崇祯六年(1633年),徐光启病逝,崇祯皇帝赠号太子太保、少保,谥号文定。

在政治混乱、社会动荡的明朝中晚期,徐光启这样一个"牛人"并非凭空诞生的,他体察民生、经世致用的实学思想源于其父母良好的引导与培育,他们为徐光启提供了良好的成长"范式"。

尊 重 兴 趣

徐光启出生在一个农民家庭,其实,他的父亲徐思诚曾经是个商人,后来因为家里财产被盗而破产,之后就主要靠务农为生。徐光启是徐思诚的独子,小的时候很淘气,但也惹人喜爱。徐思诚一心培养他好好读书,希望他将来能做个大官,为徐家光耀门楣。但徐光启呢,好像志不在此。

据说,有一天,徐光启趴在桌前写一篇老师的命题作文《民莫敢不敬》。题目源自《论语》中的半句话,大致意思是,老百姓对统治者不敢不敬。因为徐光启家境并不富足,也曾经"栽柳烧炭",他了解农民的遭遇和一些农业生产的状况。面对这样的作文题目,他总觉得这句话有些不对,所以这文章就写不下去,于是,他索性溜到后花园去玩。

正在织布的母亲钱氏发现徐光启不在家里读书,就叫女儿出去找。而父亲徐思诚听说儿子不好好读书,心里也很是生气。找到徐光启后,徐思诚发现儿子蹲在棉花地里,正全神贯注地观察棉花苗上一根横生出来的枝条。这时,徐思诚并没有立即去叫儿子,而是远远地观察儿子想干什么。但是,当他发现儿子一伸手把那株棉花尖顶上的嫩芽折断时,不由得喊道:"光启,你过来!"徐光启回头一看是父亲,也不知道发生了什么事情,就急忙走到父亲面前,恭恭敬敬地站着,问道:"什么事啊,父亲?"

"什么事儿?你为什么不在家好好读书,要跑出来乱折我的棉花苗?"徐思诚很生气。

徐光启一听,赶紧说:"父亲,您误会了。现在快到立秋时节了,新发的嫩枝是结不出棉花蕾铃的,你看棉花都已经长出两尺多高了,再往上分枝生长,只会浪费养分。如果把顶上的'冲天心'摘去,剩下来的养分就可以供给下面快成熟的蕾铃,这样,收成才多呢。"

名士家风

徐思诚听了徐光启的解释觉得好像有些道理,但是,又怀疑摘去"冲天心"会损伤棉花,还是半疑惑半吓唬地对徐光启说:"要是把棉花苗弄死了,我绝对饶不了你。"

"这是我向阿康伯学来的本事。阿康伯种的棉花去年比我们家的收成多。我去问了他,是他告诉我种棉花要摘'冲天心'的。"徐光启向父亲解释。

作为父亲的徐思诚本来还想借这件事情多批评儿子几句,来维护自己的长者尊严,教育儿子要用心学习。但是,商人出身的他也知道自己原本在棉花种植方面就没有经验,听了儿子的这番解释,也觉得可信,他同时想到,身为父亲,如果在儿子面前坚持自己的错误,并借此来批评他,不仅会伤了儿子的自尊心,还会使他将来也学会狡辩,执意坚持自己的错误。于是,徐思诚向儿子检讨了自己的错误,并根据儿子学来的方法,也摘起"冲天心"来。

无论是在当时,还是在当下看来,作为父亲的徐思诚对儿子徐光启所犯"错误"的处理方式都有些与众不同,因为徐思诚在潜意识中明白:父亲是儿子成长中的"关键人物",自己的言谈举止、性格修养等是在为儿子的成长塑造一种学习"范式",对其"模仿"学习和成长起着重要的作用。面对错误,如果作为父亲的自己一边狡辩,一边还教导儿子要诚实,这样的教育效果是可想而知的。所以,徐思诚能够诚恳地、发自内心地向孩子道歉,这比花时间给儿子讲一堆大道理更有效,因为,知错就改原本就是在为儿子树立一个正确的成长标杆。

不仅如此,徐思诚发现徐光启对农业生产很有兴趣,于是就经常让徐光启在学习之余抽空到田里帮助自己种庄稼。这一决定不仅使徐光启养成了尊重农民、热爱劳动、生活简朴的品质,而且学会了不少新的农业技术,养成了钻研科学的实践态度。

成以尊重

父亲徐思诚在徐光启的成长教育中能够发现其兴趣与优点,并给予积极的尊重与鼓励,这在今天看来是一种先进的"扬长教育",无疑激发了徐光启未来人生的情感力、想象力与创造力,使徐光启在自我发展的道路中学会尊重他人、尊重科学,取得了不凡的成就,成为大家眼中的"牛人"。并且,他也一以贯之地将这种"尊重"延续到后代的教育中,以"教养"推动后代的成长,而不以"教杀"磨灭他们的天性。

我们知道,徐光启后来身居高位,还做了宰相,对之前的农民生活有着必然的距离感,但是,徐光启始终热爱农民、热爱劳动,勤俭仁爱,并且坚持用这些品质教育自己的子孙。

徐光启对自己幼年时的农民朋友,一直以兄弟相称、以兄弟相待,经常邀请他们到家中做客。一次,一位叫阿洪的老人来徐光启家,一进门就大声说道:"给老爷请安!"徐光启赶紧上前拉住他,拍着阿洪的肩膀笑着说:"老弟啊,你我从小以兄弟相称,现在仍然应该叫我阿启哥,怎么今天又'老爷''老爷'的叫起来了呢?使不得,使不得啊!"

徐光启不仅自己平易近人,还要求子孙尊重他儿时的朋友,要以礼相待,不许摆架子。有一次,徐光启邀请阿洪到家里,想请教他这些年种植棉花的经验,他在书房里一边看书,一边等待阿洪。忽然,他的孙子尔默跑进来说:"爷爷,爷爷,阿洪来了!"徐光启一听,立刻严肃地对尔默说:"不许这么没大没小的,阿洪是你叫的?你应该叫阿洪公公,以后不许这样没礼貌!"在尊重他人方面,徐光启对孙子的要求十分严格。

对科学研究,徐光启一样抱着尊重的态度。他一生读书勤奋,治学严谨。为了搞好各类研究,徐光启的独子徐骥回忆说:"(徐光启)于物无所好,惟好学,惟好经济,考古证今,广咨博讯。遇一人辄问,至一地辄问,闻则随闻随笔。一事一物,必讲究精研,不穷其极不已。"从63岁开始,徐光启集中精力编写《农政全书》,经过四年的艰苦努力,完成了初稿。在重新修订书稿时,徐光启想让孙子们了解农业的重要性,将来好继承自己的事业。于是,他叫来三个孙子——尔斗、尔默、尔路,问他们每人都读些什么书、写些什么文章。孙子们异口同声回答说:"读的是《四书》《五经》,写的是'八股文'。"徐光启又问道:"农业的书籍你们看不看?"孙子们回答:"多少看点儿。"

徐光启看着眼前衣着朴素、神情老实谨慎的三个孙子,说道:"你们没有沾染上奢华的习气,这很好,可是,我多年不在家,没有关心你们的学习,所以,你们把读经书和写'八股文'当作头等大事。其实,'八股文'是最没有用的文章,写这些文章单单是为了应试,真正有用的是农事之事,必须读的应该是农业书籍。你们很少读农业书籍,不肯干农活儿,这不太像我的孙子。我平生不论顺利和挫折,不论教书和为官,从来没有忘记一个'农'字。如今,我想编一部《农政全书》,一部包罗万象的农业大书。我把你们叫来,不为别的事情,就是要你们替我做点这方面的事情,要你们帮我抄书。"

孙子们高高兴兴地答应了。从此,徐光启的书房成了《农政全书》的编辑室。孙子们一边读爷爷写的《甘薯疏》《泰西水法》《北耕路》等,一边做爷爷的助手,认真地帮爷爷誊写修改好的书稿。在读书、抄书的过程中,三个孙子得到了深刻的敬农、重农教育。

1633年8月,71岁的徐光启病重,他自知不久于世,便嘱托子孙们一定替自己把《农政全书》整理完毕,呈交皇上。11月8日,徐光启离开人世。子孙们经过努力,把《农政全书》整理完备,呈送给了崇祯皇帝。

刘向在《战国策·触龙说赵太后》有言曰:"父母之爱子,则为之计深远。"天下父母对子女多是爱之深、爱之切,以至于为其深谋远虑、铺设未来的人生发展之路。但是,很多父母铺就的道路多半以"爱"的名义抹杀了子女的天分与兴趣,成为子女的痛苦屈就之路。徐思诚作为父亲,原本也想走社会寻常路,规划让儿子徐光启通过读书来敲开科举之门,以成就自我、光宗耀祖。但万幸的是,这位父亲更懂得尊重并保护儿子的兴趣,从而成就了儿子除仕途之路外,更受人敬重的科学人生。与此同时,也形成了徐氏家族尊重劳动人民、尊重劳动、尊重科学的家风。

苏霍姆林斯基曾说,教育的任务在于,让每个学生在青少年时期就能有意识地找到适宜于自己志向的事,就能施展自己的才能,就能为自己选好那条足以使自己的劳动达到高度记忆和创造水平的生活道路。而父母在帮助子女完成这项任务的过程中,最主要的是要在每个孩子身上发现他最强的一面,找出他作为个人发展根源的最强"机灵点",做到使孩子找到他能够最充分地显示和发挥他天赋素质的事情,并达到在他的年龄可能达到的卓著成绩。显然,徐思诚做到了这一点,成就了一代科学家。而这又恰恰是当下的父母应当反复斟酌的重要问题。

附：相关历史史料节选

一物不知,儒者之耻。

——徐光启《译几何原本引》

欲求超胜,必须会通;会通之前,必须翻译。

——徐光启《徐光启诗文集》

理不明不能立法,义不辨不能著数。

——徐光启《测候月食奉旨回奏疏》

稼穑而得禾者,吾安之。稼穑而不得禾也,吾甘之。若不稼不穑,何以得禾？既有之不愿也。

——徐光启《毛诗六帖讲义(上)》

第二部分

为 学 篇

第一节　梁启超：学重耕耘

当下，提到子女的教育，我们普遍的感受是今天的教育已然处于一种异化的状态，因为它太注重功利、太注重成败，孩子学习的目的大多集中在成绩上，因为成绩好坏直接关系到孩子将来是否能进入好学校、是否能获得好职业、是否能拥有好前途，教育已经全然不顾孩子的天性发展。所以，社会呼吁中国教育进行变革。可是，教育的变革不仅仅是教育主管部门的事情，更是每个家庭的事情。宏观的体制问题，作为父母很难去改变，但微观的家庭教育观念问题，父母是可以改变的。只有个体的教育观念发生了改变，才有可能推动整个社会的教育体制发生改变。这是今天的家长必须关注和思考的问题，也是民国时期的梁启超一直强调并践行的事情。作为"中国家教第一人"，梁启超用自己所坚持奉行的教育范本告诉今天的家长，淡化学习的有用与无用之辩，从真正关爱孩子出发，引导孩子进行自由、发挥灵性的学习，才是最"经济"的人才培养途径。

观念转变

梁启超（1873年—1929年），字卓如，一字任甫，号任公，又号饮冰室主人、饮冰子、哀时客、中国之新民、自由斋主人。清朝光绪年间举人，中国近代思想家、政治家、教育家、史学家、文学家。一直以来，我们主要将梁启超视为戊戌变法的领袖之一，中国近代维新派、新法家的代表人物。五四时期，以梁启超为代表的一类人被看作与胡适、陈独秀、鲁迅等人相对立的保守派势力。殊不知，梁启超是中国现代教育的开山祖师,他和康有为、谭嗣同、熊希龄等人一起,在湖南创办了中国近代史上第一个开眼看世界的现代化教育机构——时务学堂,他们完全摆脱了中国古代科举教育的藩篱,培养了蔡锷、唐才常、林圭等大量的维新人才,为后来的辛亥革命和国家建设储备了人才。由此,我们可以看出,梁启超是一名伟大的教育家,对中国教育现代化进程有着重要的影响。

梁启超本就是一个罕见的奇才。他幼年时从师学习,八岁学写文章,九岁就能洋洋洒洒写出千字文章,十一岁时中秀才,十六岁时在广州参加乡试,中了举人,被誉为"岭南奇才"。当时的主考官李端棻非常欣赏梁启超的才华,将自己堂妹李蕙仙马上许配给他。光绪年间,中国遭受帝国主义野蛮践踏,梁启超抛弃了昔日由学入仕的追求,走上了一条坎坷曲折的救国救民之路,25岁就成为当时中国耀眼的政治新星。29岁,梁启超主编《新民周刊》,成为20世纪初中国舆论界的领导者。从1895年的"公车上书",到1896年与黄遵宪等人筹办《时务报》,到1897年出任长沙时务学堂总教习,再到1898年的"百日维新"与"戊戌政变"后流亡日本,又到在日本创办《清议报》《新民丛报》等,后又在与孙中山、熊希龄、蔡锷等人的接触中产生思想与行为的转变,等等。梁启超的政治生涯虽然一波三折,但爱国主义始终是贯穿其思想的红线,推动他一直致力于民族救亡、变法维新、力争国权的社会活动。尽管他于1929年因病早逝,但留下了1 400多万字的著述,涉及政治、经济、哲学、历史、语言、宗教及文化艺术、文字音韵等方面,结集为《饮冰室文集》,素有中国的百科全书之称。

梁启超作为一位天才的社会活动家,虽然社会事务繁杂,但却没有忽视对子女的关爱和教育。他一共有九个子女,在他的言传身教、悉心培养下,除了培养出梁思成、梁思永、梁思礼三位院士外,其他子女也各有成就,都对祖国怀有浓烈的爱国情感。据说,梁启超经常一边打麻将,一边口述文章,打完麻将写完文章,还不忘给子女写家书。他一生所写的家书超过百万字,虽然书写随便,想到哪儿写到哪儿,但语气平和、幽默,字里行间充满了对子女的关爱。近年来,梁氏"一门三院士,九子皆才俊"的家庭教育业绩越来越多地受到社会的关注,梁氏家风家教由此也走进了人们的视野。

要谈梁氏家风家教,首先得从梁启超的早期教育谈起。

1873年2月23日,梁启超生于新会茶坑村一个农民家庭。梁启超的高祖、曾祖都是典型的农民,地位、财富、学识都微不足道。到了祖父梁维清这一代时,祖父一边种地,一边读书,终于考取了秀才,才使梁家跻身士绅阶层。梁启超四五岁时,祖父梁维清就开始悉心指导他读书,由此为梁氏家风家教奠定了基石。梁启超儿童时期所受的教育来源于祖父的居多,他曾回忆祖父教他读过两部书,一部是《四子书》,一部是《诗经》。

梁启超的父亲梁宝瑛,字莲涧,人称莲涧先生,虽然不曾拥有半点功名,但他退居乡里,教书育人,深得乡民的爱戴。当年,梁启超从护国前线回到上海时,父亲已经去世一个多月,他怀着悲痛的心情写下《哀启》一文痛悼父亲。文中回忆梁宝瑛是个不苟言笑、中规中矩的人,梁启超从小就和几个兄弟、堂兄弟在父亲执教的私塾里读书。父亲对待儿子十分严格,不仅要求儿子谨守礼仪、刻苦读书,还要求儿子参加田间劳动。如果违反家训,父亲一定严厉惩戒。梁启超说,父亲常对他说的那句"汝自视乃如常儿乎!"(你把自己看作是个平常的孩子吗?)让他此生此世一直不敢忘记,他的血液根底、立身根基,都来自父亲严格的教诲。

梁启超的母亲赵氏终日含笑,十分慈爱,但对待梁启超的错误也是绝不姑息的。据梁启超回忆,他六岁时,不知为什么说了谎,母亲发现后,十分生气,把他叫到卧房严加盘问,并责令他跪在地上,"力鞭十数"。同时,母亲警告伏在膝下的儿子,如果以后再说谎,将来只能做盗贼或乞丐。

祖父、父亲、母亲给予梁启超的教育更多的是儒家伦理教育,他们引导梁启超重义理、重名节,强调内心修养、人格磨炼和精神陶冶,这是梁氏家风、家教的原始基础。梁启超在梁氏家风、家教的传承中则起到了承上启下的作用。作为一名学贯中西的维新改良者,梁启超在教育子女的过程中,自觉地将西方现代教育中提倡的科学、民主、平等、自由等理念融注在儒家伦理教育中,既"淬厉其所本有而新之",又"采补其所本无而新之",实现了儒家伦理教育的现代化转换,成功地将九个子女都培养成了具有现代知识分子品格和素养的人才。对梁氏家风、家教而言,这种教育理念的转换无疑是对中国传统教育难能可贵的突破与发扬。

爱需耕耘

梁启超一共有九个子女,这九个子女各有所长,先后在国内外接受了高等教育,学贯中西,成为各行各业的专家。

长女梁思顺(1893年—1966年),著名的诗词研究专家,中央文史馆馆员。长子梁思成(1901年—1972年),著名的建筑学家、中央研究院院士、中国科学院学部委员。次子梁思永(1904年—1954

年),著名的考古学家、中央研究院院士、中国科学院考古研究所副所长。三子梁思忠(1907年—1932年),西点军校毕业,曾参加过淞沪抗战。次女梁思庄(1908年—1986年),北京大学图书馆副馆长、著名图书馆学家。四子梁思达(1912年—2001年),著名经济学家,与人合著《中国近代经济史》。三女梁思懿(1914年—1988年),著名社会活动家。四女梁思宁(1916年—2006年),早年就读于南开大学,后奔赴新四军参加革命。五子梁思礼(1924年—2016年),火箭控制系统专家、中国科学院院士。

在20世纪20年代风云变幻的中国社会环境中,梁启超能够将九个子女都培养成才,与祖国共忧患,固然与他超人的智慧、广博的知识和卓越的远见分不开,但是,我们更应该看到的是,梁启超自己原本就是一个社会活动家,各种事务缠身,他能亲自对孩子言传身教,最重要的是基于对子女深沉的爱,也正是在家庭教育这块田地里辛勤的爱的耕耘,才收获了子女成才的累累硕果。

梁启超对子女的爱是博大的。在梁启超超过百万字的家书中,他流露出一种发自肺腑、自然纯真的爱。在给子女的信中,梁启超说:"你们须知你爹爹是最富于情感的人,对于你们的爱情,十二分热烈。"这种爱的表白,在给孩子们的书信中随处可见。更难能可贵的是,梁启超的父爱不仅仅给予自己的子女,而且还无私地惠及女婿和儿媳,完全没有血缘之别。当年,梁思成与林徽因结婚后,梁启超按捺不住自己的喜悦之情,在写给二人的信中,他说:"我以素来偏爱女孩之人,今又添了一位法律上的女儿,其可爱与我原有的女儿们相等,真是我全生涯中极愉快的一件事。"还有一次,梁启超读了一整天的书,晚上喝了点儿酒,有些醉了,于是"书也不读了,和我最爱的孩子谈谈吧"。他给大女儿梁思顺写信聊家常,称赞女婿周希哲是"勤勤恳恳做他本分的事,便是天地间堂堂的一个人"。梁启超晚年时,一大半子女都远在国外,家书就成为他与孩子沟通、交流的重要方式,也是他生活中最大的快乐与享受。梁启超勤于给子女写信,也要求子女们经常给他写信,在与子女的书信往来中,流露出一个慈父的拳拳之心。

梁启超对子女的爱是平等的。与当下很多重男轻女,或者偏爱乖巧子女的父母不同,梁启超对子女、女婿、儿媳都没有偏爱,即使有些"小心眼儿",他也绝不会太明显,不会让子女因父亲的偏爱而闹小情绪。在给子女写信时,梁启超经常会给海外的子女们统一写一封信,让大家传阅,并且,在信中,他会对每个人都夸奖一番,包括大女婿周希哲、儿媳林徽因。即便在所谓含有"偏爱"的书信往来中,梁启超也非常注意细节,如他视儿媳林徽因为亲生女儿,对她的爱和教育也是深沉的,他经常给儿子梁思成和儿媳林徽因单独写信,以表达自己的关爱。同时,他对长子梁思成的期望也最大,因为他认为长子担负着更大的学术和教育使命,因此在专业教育指导方面倾注的心血也尤其多。但这些"偏爱"都是自然而然地传递着,并未让其他子女感觉父亲是偏心的。

可以说,与勤勉致力于社会事务相比,作为父亲的梁启超在子女教育的一片田地里同样辛勤地耕耘着。在子女教育方面,他没有顽固不化的统领、没有疾言厉色的训斥,取而代之的是深沉的父爱、细致的关怀、谆谆的教诲。应当说,在当时的社会环境中,梁启超对子女的"另类"教育无不体现了一个社会转型期知识分子的现代化教育理念,这也是当下的父母应当学会的一种平等而博大的爱的教育。

第二部分 为学篇

学 重 耕 耘

在梁启超的眼里,教育就是教人学做人,学做一个现代的人。基于这种认识,作为父亲的梁启超在面对自己子女的教育时,是开明并且高明的,他并不单方面强调成绩的好坏,而是讲求知识与做人的双赢。梁启超既能从大处着眼,关注子女的学业、工作、生活和健康等,也能从小处着手,指导子女的品性、为人、立身和处事等,他用曾国藩的两句话教育子女——"莫问收获,但问耕耘",告诫孩子们只要现在的学习重视努力耕耘,将来必定会成为对社会有用的人。

梁启超认为的学重耕耘强调学习要注重天性和人性,要让孩子们葆有一种学习的愉悦心性。梁启超希望自己的次女梁思庄学习生物,但女儿不喜欢,他也不强求,反而说道:"凡学问最好是因自己性之所近,往往事半功倍。"因为梁启超深知,做学问必须讲究一点"趣味主义",如果不是自己"所嗜好的学问",是无法始终保持一种积极探求的精神和勇气的。这种教育理念与时下很多家长不同。梁启超不仅不强迫子女学习自己不喜欢的专业,还经常提醒子女不要沉迷于"书呆子"式的学习中。1927年8月29日,梁启超在给孩子们的一封家书中,谈到了长子梁思成的学业专长与兴趣问题。他认为梁思成所学太专,建议他毕业后一两年,分出时间多学习一些常识,尤其是人文学科。他告诫梁思成,学习太专会失去兴味,生活会不幸福。由此可知,梁启超对子女是否能够拥有学习兴趣是相当重视的。

梁启超认为的学重耕耘不以有用无用、成功失败而衡量,不能贪图虚名、急于求成，要踏实精进、坚持不懈。梁启超曾说："我们做人，总要各有一件专门职业。"他认为这是立身的根本，所以，他把子女的求学、求职都看得十分重要，从子女的专业选择到在校学习，再到职业选择，甚至成家问题，他都尽量为他们做出合理的指导与安排，绝不敢掉以轻心。长子梁思成1924年赴美留学，在宾夕法尼亚大学建筑系学习。他经常与父亲交流自己学习上的困难、进步与心得。当梁思成在宾夕法尼亚大学学习了三年之后，他开始对自己的未来产生了隐忧。在给父亲梁启超的信中，他说每天都在画图，很担心自己会成为一个画匠，而偏离了自己的理想。梁启超在回信中，借用孟子的话帮儿子分析学习现状，他认为学校的学习"能与人规矩，不能使人巧"。即是说，学校所教与所学不外乎规矩方圆之事，要通达至巧则要远离学校之后。但是，规矩是求巧的一种工具，必须熟悉规矩之后，才能达到精巧致用的地步。因此，梁启超告知梁思成应该安下心来，不要急于求成，也不要去想将来的成就，而是要想办法除去这种学习的厌倦情绪，去踏踏实实地好好学习，专注地把应学的规矩尽量学足，将来必定会成为对社会有用的人。

梁启超认为的学重耕耘还须要保持积极进取、意志坚强的态度，不悲观气馁，不被各种低劣的欲望所牵制。在梁启超看来，通达、强健、伟大的人生观是使人生快乐的基础，心地光明、襟怀坦荡是使人生快乐的动力。梁启超认为："一个人，若是意志力薄弱，便有很丰富的智识，临时也会用不着；便有很优美的情操，临时也会变了卦。"所以，他要求子女首先要保持一种生平不做亏心事，夜半敲门也不惊的状态，其次要有抵御各种诱惑的定力，因为社会上各种诱惑很多，人极易被各种欲望所左右。一旦这样，意志做了欲望的奴隶，就容易受到他人的压制，自己做不了自己的主，那么就不能做成自己想做的事情，变成一个可怜的人。所以，梁启超时刻提醒自己，也经常写信教育孩子，一定要在磨炼意志上下功夫，"切勿见猎心喜，吾家殆终不能享无汗之金钱也。"

五子梁思礼在《梁启超家书》前言中写道："梁启超一生写给他的孩子们的信有几百封。这是我们兄弟姐妹的一笔巨大财富，也是社会的一笔巨大财富。"的确，读梁启超的家书，能够感受到字里行间渗透着的坦诚、平实，这是梁氏家风与家教的特色。由此纵观梁启超的一生，他就像一个辛勤的园丁，用爱耕耘着子女教育的田地，最终使得梁家满门才俊，获得世人的关注。并且，他也把梁氏家风与家教顺利传给了自己的子女，在爱的诉说中潜移默化地影响着子女及他人。对时下为人父母者而言，羡慕梁氏家族子女教育的成就，就要学习梁启超先生，学习梁氏的家风家教。

附：相关历史史料节选

人生之旅历途甚长，所争决不在一年半月，万不可因此着急失望，招精神之萎苶。

——1923 年 7 月 26 日《致梁思成》

总要在社会上常常尽力，才不愧为我之爱儿。人生在世，常要思报社会之恩，因自己地位做得一分是一分，便人人都有事可做了。

——1919 年 12 月 2 日《致梁思顺》

天下事业无所谓大小，士大夫救济天下和农夫善治其十亩之田所成就一样。只要在自己责任内，尽自己力量做去，便是第一等人物。

——1923 年 11 月 5 日《致梁思顺》

我生平最服膺曾文正两句话:"莫问收获,但问耕耘。"将来成就如何,现在想他则甚?着急他则甚?一面不可骄盈自慢,一面又不可怯弱自馁,尽自己能力做去,做到哪里是哪里,如此则可以无入而不自得,而于社会亦总有多少贡献。

——1927年2月16日《致孩子们》

你们既已成学,组织新家庭,立刻须找职业,求自立,自是正办。

若专为生计独立之一目的,勉强去就那不合适或不乐意的职业,以致或贬损人格,或引起精神上苦痛,倒不值得。

——1928年4月26日《致梁思成夫妇》

"学问是生活,生活是学问",彼宜从实际上日用饮食求学问,非专恃书本也。

——1921年5月30日《致梁思顺》

至于未能立进大学,这有什么要紧,"求学问不是求文凭",总要把墙基越筑得厚越好。

——1925年7月10日《致孩子们》

一个人想要交友取益,或读书取益,也要方面稍多,才有接谈交换,或开卷引进的机会。不独朋友而已,即如在家庭里头,像你有我这样一位爹爹,也属人生难逢的幸福,若你的学问兴味太过单调,将来也会和我相对词竭,不能领着我的教训,你全生活中本来应享的乐趣也削减不少了。

——1927年8月29日《致孩子们》

凡做学问总要"猛火熬"和"慢火炖"两种工作,循环交互着用去。在慢火炖的时候才能令所熬的起消化作用融洽而实有诸己。

做学问原不必太求猛进,像装罐头样子,塞得太多太急不见得便会受益。

——1927 年 8 月 29 日《致孩子们》

第二节　王羲之：勤学苦练

历史上很多名门望族，有的以学问名世，有的以财富传家，有的以书法扬名……王羲之的家族是晋代的名门望族，在政治上也很有地位，但是，其家族却是依靠王羲之、王献之的书法艺术而流芳百世的，成为后世学习的楷模。或许，当下很多人并不关注书法艺术，认为学习成绩更能关系到一个孩子未来的发展走向。殊不知，王羲之、王献之的书法学习之路很值得我们家长深思，因为在晋代"上品无寒门，下品无世族"的社会环境中，王羲之父子没有因家世显赫而沉湎于醉生梦死的生活，反而执着于书法艺术的追求，并赢得书法"二王"的荣誉称号，成为一代著名的书法家。这些成绩既离不开父辈的悉心教导，也和二人的勤奋刻苦有关。所以，王羲之父子在书法艺术追求方面的学习经历同样值得我们今天在学习之路上借鉴。

临帖多师

王羲之（303 年—361 年，一作 321 年—379 年）字逸少，出生在东晋屈指可数的豪门士族——琅琊王氏，祖籍琅琊（今山东临沂），后迁会稽山阴（今浙江绍兴），晚年隐居剡县金庭（今浙江省嵊州市金庭镇）。王羲之历任秘书郎、宁远将军、江州刺史，后为会稽内史，领右将军，世称"王右军"。但是，王羲之更为突出的成就是东晋时期著名的书法家，有"书圣"之称，其书法自成一家，发展了汉魏笔锋,笔势"飘若浮云,矫若惊龙",被誉为"尽善尽美""古今之冠",影响极为深远。其代表作《兰亭集序》被誉为"天下第一行书"。

王羲之能取得如此成就,和他的父亲王旷的教育引导是分不开的。

王旷为淮南太守,他的书法在魏晋时期十分有名。王旷对书法十分着迷,以至于每天都要花上半天的时间来练习书法。王羲之早在四五岁时,就表现出对书法的喜爱。每当父亲练字时,王羲之总是站在旁边认真地看,即使堂兄弟们在外面玩耍也丝毫不能影响他的兴致。时不时地,王羲之也会用手蘸点墨,学着父亲的样子在纸上歪歪扭扭地乱画。

王旷看王羲之对书法有兴趣,很是开心,于是手把手地教他一些基本的笔画和简单的汉字。对此,王羲之迅速掌握了要领。王羲之在书法上表现出的聪慧和天赋让王旷十分欣慰,他决心将儿子培养成一代书法家。

为了教好王羲之,王旷告诉他要持之以恒,专注临帖一家之法。王羲之按照父亲的指点认真练字,七岁的时候已经有了很高的造诣,当地人新房上梁、逢年过节都会请王羲之写对联,他们称赞王羲之的笔法老道。可是,王旷看了儿子的字总觉得不满意。王羲之就问父亲王旷如何才能写得更好,而父亲总是告诉他,要多临帖,才能理解前人的笔意和心境,体悟其书法中的精髓。

刚开始,王羲之对父亲王旷的话深信不疑,冬练三九、夏练三伏,时间久了,因为多次涮笔,竟将门口的一缸水都染黑了。然而,他的书法练习还是出现了瓶颈,进步得比较缓慢。王羲之再去问父亲,王旷还是告诉他要继续专注一家地临帖。这时的王羲之开始不

第二部分 为学篇

满意父亲的说法了,认为父亲肯定还有什么书法练习的秘诀没有传授给他。

于是,王羲之暗中观察父亲,发现王旷每次都从枕头下拿出一些字帖研究一阵,然后临摹。这个发现让王羲之十分欣喜。一天,他趁父亲不在家,偷偷跑进父亲的房间,匆匆浏览了王旷收藏的所有碑帖,并悄悄拿走了几本自己认为好的字帖私底下临摹。

经过一段时间的临摹,王羲之渐渐领略到了书法的一些奥妙,还悄悄和别人交流自己的学习心得,很多人都说王羲之已经青出于蓝而胜于蓝了。慢慢地,父亲王旷从王羲之的习作中察觉出了异样,发现其几处运笔与自己收藏的碑帖十分相似,并且上门求字学习前代名家名品的人越来越多。王旷和妻子都探问王羲之是不是偷学了收藏的碑帖,王羲之担心父母批评他没有专一临帖,笑着没有回答。

王旷担心王羲之年纪小,缺乏辨识能力,还未到练习这些碑帖的时候,同时,也担心王羲之少不更事,到处炫耀,引来更多的人打扰他们,于是,王旷藏起了书法碑帖,并告诉王羲之:"你现在还小,不适宜练习这些碑帖上的字,等你长大了,一定让你看。"

这时,王羲之请求父亲现在就让他临帖,说:"这些碑帖是我很好的老师,现在正好学习,如果等以后再学,现在就会走很多弯路。"王旷听了儿子的话,觉得有些道理,认为现在也不必再要求儿子拘泥于专学一师,可以转益多师了。于是,索性将自己收藏的碑帖,以及前人论书的一些精品著作都给了王羲之,让他潜心学习。

有了这么多的好"老师",王羲之就天天将自己关在房里,潜心研究,刻苦临摹,反复练习,书法又有了很大的进步。当时,著名书

名士家风

法家卫铄(世称卫夫人)的书法具有姿媚风格和变古不尽的地方,王羲之又师从于她,学到了很多妙法。并且,从卫夫人那里,王羲之听说北方还藏着前代书法家的碑刻时,他不顾当时动荡的战乱环境,渡过长江,游历中原,见到了李斯、曹喜、钟繇、梁鹄等著名的书法作品。通过不断的探究、勤奋的练习,王羲之腕力十足、笔法遒劲,书法技艺炉火纯青、笔锋力度入木三分,逐步成长为一代著名的书法家,人们都称他为书圣。

磨尽缸水

王献之(344年—386年),字子敬,小名官奴,生于会稽山阴(今浙江绍兴)。王献之是王羲之的第七个儿子,晋简文帝司马昱的女婿。他历任州主簿、秘书郎、司徒长史、吴兴太守、中书令等职,为与族弟王珉区分,人称"大令"。太元十一年(386年),王献之病逝,年仅四十三岁。后于隆安元年(397年),追赠侍中、特进、光禄大夫、太宰,谥号"宪"。

幼时的王献之和父亲王羲之一样,具有学习书法的天赋,再加上出生于一个书法世家,受环境的熏陶,他很小就开始天天跟着父亲学习书法。而王羲之呢,对儿子学习书法的要求十分严格。为了锻炼儿子的指力、腕力和臂力,他要求王献之在笔杆顶端顶着一块砖头写字。王羲之告诉儿子,只要这样练习下来,写一点,就如"空中遥掷笔作之",像"高峰坠石",使人感觉沉重有力;有一横,就如"长舟之截江渚",使人觉得无懈可击;写一竖,就如"冬笋之挺寒谷",使人看上去难以摇撼;写一弯钩,就如"百钧之弩初张",使人看了像铁铸一般;写一弯角,就如"壮士之屈臂",使人觉得力大无穷。

第二部分 为学篇

所谓"虎父无犬子",父亲王羲之书法造诣深厚,年幼的王献之本身也有些天分,再加上父亲的严格训练,他的书法技艺提高很快。

一次,王献之正在写字,父亲王羲之趁他不注意,突然从背后伸手抽走了他手里的毛笔。王献之大吃一惊,回头一看,原来是父亲。王羲之严厉地对他说:"你握笔如此无力,怎么能写出力透纸背的好字来?"王献之自知功夫没有练到家,无言以对,只有继续认真练着基本功。

又过了一些时候,王羲之再次出其不意地用力抽取王献之的毛笔,王献之握笔很牢,没能抽掉。王羲之见儿子有了很大的进步,感到特别欣慰,鼓励儿子继续努力。父亲的称赞让王献之有些飘飘然了,他感觉自己的字很快能写得和父亲一样好了,就有些放松自己的练字要求了。

一天,王献之写了一个"大"字,呈给父亲王羲之看,王羲之觉得儿子还没有领悟到书法的窍门,写得上紧下松,结构松散。但作为父亲,又不忍心打击儿子学习书法的积极性,于是提笔加了一点,将"大"字改为"太"字。相比之下,王献之这才发现自己的字是有些问题。但他不死心,又拿着那个字让母亲看。母亲郗氏受父亲的熏陶,也善书法,颇有些书法鉴赏功底。她仔细看了王献之的字说:"吾儿磨尽三缸水,唯有一点似羲之。"言下之意,王献之的字火候还不够,这个"太"字只有一点像他父亲王羲之写的,所以,还得向父亲好好学习。

王献之听了母亲的话,深感惭愧,要知道那"太"字的一点,正是父亲王羲之加上去的呀!王献之沉下心来,向父亲虚心求教写好字有什么秘诀。王羲之郑重地告诉他:"写好字的秘诀就在咱家院里

名士家风

的十八口大水缸里。你把这十八口水缸里的水用完以后,自然就知道写好字的秘诀了。"显而易见,在王羲之看来,吃得苦中苦,方为人上人!一个人的天赋固然重要,但是,如果不勤学苦练,天赋最终也会消失的。

王献之听了父亲的教诲,终于认识到,写好字的秘诀就是勤学苦练、持之以恒、坚持不懈,除此之外,并没有其他的捷径可走。于是,王献之静下心来,勤勤恳恳地练习书法。

经过多年的勤学苦练,王献之继承父学,不限于一门一体,而是"兼众家之长,集诸体之美",创造出自己的独特风格,如"一笔书"等,终于成为与父亲齐名的著名书法家。他与父亲王羲之并称为"二王",有"小圣"之称。王献之还与张芝、钟繇、王羲之并称"书中四贤"。张怀瓘在《书估》中评其书法为第一等。

家 传 美 谈

王羲之、王献之都是中国历史上的书圣,他们的书法艺术可以说达到了顶峰。可是,父子在书法艺术上的成就与其家望族出身有着一定的差异,这一点是最值得后世深思的。

前面提到过,王羲之祖上是晋代望族,祖辈、父辈出了不少的政治家。成长于这种家庭,如果一心仕途,王羲之、王献之混个高官厚禄不是没有可能的。但是,这对父子并没有把心思放在从政为官上,而是下功夫潜心研究书法艺术,这里面有个人的追求,也有家庭的影响。

王羲之的伯父王导、父亲王旷,虽然是历史上有名的政治家,但同时也是东晋著名的书法家,在书法上都有很深的造诣。在这样的家庭氛围中,王羲之、王献之更容易在书法上有所成就。因为他们有便利的学习条件,能获得名师的指点。更重要的是,王羲之、王献之他们懂得"执事有恪",即恪守信念,不图捷径,谨慎笃行。

明代项穆曾说:"古欲正其书者,先正其笔,欲正其笔者,先正其心。"言下之意是,要想练好书法,就要学会拿好手中的笔;想要拿好手中的笔,就要有一个认真良好的心态。对王氏家族而言,书法成就的获得在于勤学苦练,而勤学苦练的根本在于心境平和。也就是说,要想练好书法,需有敦厚的心境。魏晋时代造就的是一种超脱、豪放的风尚,这使得王氏父子并不艳羡仕途的虚名,反而注重的是修身立德的儒家精神,他们以诗会友,好义勤学,绝不自傲,逐渐形成了敦厚仁义的良好家风家教。在这种家风家教濡染下,王羲之、王献之才能端正心态,以平和之心潜心研究书法技艺,并且在横竖撇捺之间彰显自己的立身原则。

在绍兴城内有座题扇桥,有条躲婆弄,与书圣王羲之有着千年不衰的渊源。相传当年的石桥脚下有一个老婆婆,以卖扇为生。有一天,王羲之与她相遇。闲聊之中,王羲之得知老婆婆的生意不好,艰难维生,他不由得心生怜悯。于是,王羲之对老婆婆说:"老阿婆,把你的扇子给我,我在上面写几个字,这扇子不仅会好卖,而且还能卖出好价钱。"卖扇的老婆婆半信半疑,但看到对方是一个风度翩翩的书生,想来也不是拿自己的卖扇营生做消遣,于是,就把扇子给了他。王羲之欣然运笔,在扇面上写字题款后,对老婆婆说:"老阿婆,你拿着它去卖,只要说这扇子由王羲之题词,原来三文钱的扇子就能买到一百文。"老婆婆照着王羲之的话去卖,果然一吆喝,很多人围过来,一篮子扇子一抢而光。老婆婆内心很是感激,准备了一份礼物,第二天守在桥头等候王羲之,想表达自己的谢意,不想却再也没等到王羲之。原来,王羲之看见老婆婆拿着礼物等人,明白了事情的缘由,就转进了附近的一条小巷子,躲开了老婆婆。后人为纪念这段佳话,就把这座石桥命名为"题扇桥",那条小弄堂命名为"躲婆弄"。

事情虽小,但体现的是人的境界。王羲之、王献之父子的书法技艺是"飘若浮云,矫若惊龙",这与他们飘逸、豁达的性情有关,体现的是一种思想光芒、文化积淀。在拜师学艺的过程中,只有剔除杂念,心怀高尚、高雅的理想追求,才会推动其技艺精进、学有所成。

时下,很多父母在子女的基本课业学习之外,也会让子女去学习琴棋书画之类的技艺,但是,他们往往带着某种功利性的目的,这样,子女体会不到学习的乐趣,也没有持之以恒学习下去的信心和动力,自然而然会半途而废,或者效果不尽人意。同时,延伸到基本的课业学习来看,也是如此,在正确的学习动机引导下,唯有保持良好的学习心态,才能激发勤恳学习的耐力,也才会学有所获、学有所成。

附:相关历史史料节选

执事有恪,厥功为懋。

——摘自《金庭王氏族谱旧序》

第三节 祖冲之:勤奋钻研

今天,谈起学习或者工作的收获,很多人会在与他人的对比中抱怨:"我和他一样勤奋,为什么最后的结果会如此不公平?"固然,生活从来都不是公平的,有些人起点高,有些人起点低,可是,生活还是会对真正勤奋的人好一点。怕就怕,你所付出的勤奋不是真正的勤奋,而是毫无目的、没有效率、掩饰懒惰的勤奋。如果是这样的勤奋,自然就不会收获学习或者工作最有价值的成果。也正因为如此,在生活中我们会遇见很多自怨自艾的人。其实,只要我们在勤奋的路上,把计划和执行统一起来,也就进入了真正勤奋努力的状态,这样,收获的学习和工作成果自然就会多起来。祖冲之家族忠于国家、科学传家的历程就为勤奋钻研做了很好的注释。

科学传家

祖冲之(429年—500年),字文远,南朝人,我国历史上著名的数学家、科学家、文学家,尤其在数学、天文学等自然科学领域有着非凡的成就。

祖冲之出身于显赫的范阳祖氏家族。祖冲之的曾祖祖台之(317年—419年),"少孤贫",因家里"最治行操,能清言",后来受到温峤的举荐,官至光禄大夫。祖台之出入宫廷,与闻朝政,深受皇帝的亲信和器重,这对祖氏家族地位的稳固起了重要的作用,为祖氏后人创造了良好的生活条件。

祖冲之的祖父祖昌,担任刘宋大匠卿,负责朝廷宫庙土木以及道旁植树等事宜,具备较专业的建筑与数学知识。这为祖冲之在机械设计与制造等方面取得突出的成就创造了极为有利的条件。

祖冲之的父亲祖朔之,虽然只在朝廷谋了个清闲差事,但是,祖朔之学识渊博,常被邀请参加皇室的典礼、宴会,这些对祖冲之的才能和性格养成也起了很大的作用。

祖冲之的儿子祖暅(生卒不详),字景烁,历任太府卿等职。祖暅受家庭影响,尤其是父亲的影响,从小就热爱科学,对数学有特别浓厚的兴趣。

祖暅的儿子祖皓(祖冲之的孙子)志节慷慨,有文武才能,少传家业,擅长算历,曾为江都令(今江苏扬州市江都区)。另一个儿子祖法敏,曾担任陈朝海陵县的县令。

对祖氏家族而言,其家风传承有以下方面。

首先,忠于国家是家传根本。这方面需要上溯到祖氏家族可以确定的祖先祖武。祖武曾做过西晋的晋王掾,后来升任上谷太守。他有四个儿子,其中一个是祖纳,另一个是东晋名将、"闻鸡起舞"的祖逖。其中,祖逖为恢复中原,立志不成功绝不渡江回来。在这种信念下,祖逖收复了黄河以南的土地,使"石勒兵不敢窥河南",在当时东晋内部矛盾重重的情况下,"内怀忧愤,而图进取不辍"。后来祖逖罹病将死之际还心系国家,他说:"为我矣!方平河北,而天欲杀我,此乃不祐国也。"祖纳呢,对自己的异母弟弟祖约非常了解,为了国家的利益,大义灭亲,建议皇帝不要给祖约权势,否则祖约将引发叛乱,后来果然如祖纳所说。祖纳一脉延续至祖冲之。祖冲之查得何承天所制的历法不严密,有违农时,就重新制定新历法《大明历》。后来祖冲之在做长水校尉时,心系国家,专门写了《安边论》,建议开垦屯田,扩大农业生产。祖冲之以自己的行动深得皇帝的信任。祖冲之的孙子祖皓在国家危亡之际,起兵反抗残暴的侯景,除祖皓自己被杀外,兄弟子侄共有十六人遇害,他们忠于国家的精神长垂青史。可以说,祖氏一族正是因为有了这种忠于国家的执念,才能"知无不言,言无不尽",正道直行、勤奋为公。祖冲之的曾祖祖台之干预弹劾范泰、王准之、司马珣等权贵;祖冲之认为何承天历法不严密,就勇敢地向皇帝提出来,甚至与权臣戴法兴展开论战。

其次,科学研究是家传之学。祖冲之的祖父祖昌作为大匠卿,经常给祖冲之讲"斗转星移"的故事,由此谈到张衡、历法、天象,引导祖冲之形成了边读、边问、边想的习惯。父亲祖朔之经常带领祖冲之读经书典籍,虽有望子成龙之心,但也懂得适时尊重儿子的学习选择,同其一起研究科学问题。受祖父、父亲的熏陶和影响,祖冲之从小就"稽古,有机思",对自然科学和文学、哲学产生了浓厚的兴趣,养成了勤奋钻研的习惯,青年时代就有了博学的名声,后来更是在数学、天文、历法、机械等方面取得了很高成就。祖冲之的儿子祖暅"少传家业,究极精微,亦有巧思。入神之当选,般、倕无以过也。当共诣微之时,雷霆不能入"。到了祖冲之的孙子祖皓的时候,也是"少传家业,善算历"。

可以说,良好家传使得祖氏一族在科学研究领域中独树一帜,取得了丰厚的成就。

勤恳求证

小时候,父亲祖朔之对祖冲之期望很高,带领他背诵经书典籍,可是,祖冲之却志不在此,完成不好父亲交给的功课,老惹得父亲生气,也没少挨打。后来,祖父祖昌严厉批评了祖朔之,告诉他:"孩子是打不聪明的,经书也并非多读就有出息的,要细心观察孩子的兴趣并加以引导,说不定干别的事情会灵巧多了。"祖朔之觉得自己父亲的话有道理,就同意不把孩子关在房里死读书,建议父亲领着祖冲之到建筑工地上去开开眼界、长长见识。

有一次,祖冲之问爷爷祖昌:"为什么每月十五的月亮一定会圆呢?"爷爷解释说:"月亮有它自己的运行规律,所以有圆有缺。"祖冲之听了非常感兴趣,从此,缠住爷爷问个不停。爷爷由此发现祖冲之对经书不感兴趣,对天文却用心钻研,就引导他去阅读家里的天文历书,并让他不懂的地方可以问自己。父亲祖朔之从这时也开始改变了对祖冲之的看法,每天教他读天文方面的书。有很多时候,祖孙三代一起研究天文知识,祖冲之对天文历法的兴趣也就越来越浓了。

在祖父的工地上,祖冲之经常和农村小孩儿一起乘凉、玩耍。祖冲之很羡慕那些农村小孩儿,他们能叫出天上闪烁的星星的名字,这件事情让他感到自己知道的东西实在太少,也就更加激发了他深入钻研学习的雄心。

一天晚上,祖冲之躺在床上想着白天先生讲秦汉以前,人们以古率"径一周三"作为圆周率,先生解释说"圆周是直径的3倍",祖冲之感觉有些不对。第二天一早,他就拿了一段妈妈纳鞋子的绳子,守在村头的路旁,等待过往的车辆。

不一会儿,来了一辆马车,祖冲之叫住马车,对驾车的老人说:"让我用绳子量量您的车轮,行吗?"老人点头答应了。祖冲之用绳子把车轮周长量了一下,又把绳子折成同样大小的3段,再去量车轮的直径。比来量去,他总觉得车轮的直径没有1/3的圆周长。祖冲之不解地站在路边,一连量了好几辆马车车轮的周长和直径,得出的结论都是一样的。

这究竟是为什么?祖冲之决心要解开这个谜。经过多年的努力学习,他终于接触并研究了三国时期刘徽的"割圆术"。"割圆术"

是当时计算圆周率的科学方法,具体讲就是:在圆内画个正六边形,它的边长正好等于半径,再把这个六边形分成12边形,用勾股定理求出每边的边长,然后再分为24边形、48边形,一直分下去,所得多边形各边长之和就是圆的周长。简单说,就是用圆内接正多边形的周长来逼近圆周长。

  祖冲之非常佩服刘徽的这个科学方法,但是,刘徽演算的圆周率只分解求到96边形,得出3.14的结果后就没有继续算下去了。然而,刘徽指出,内接正多边形的边数越多,所求得的圆周率就越精确。祖冲之决心按照刘徽开创的路径继续走下去,一步一步计算出192边形、384边形……以求得更加精确的结果。

  这种勤奋钻研在当时是相当困难的,因为当时数字运算还没有开始利用纸、笔和数码演算,而是通过纵横相间罗列小竹棍算筹,按照类似珠算的方法进行计算。祖冲之在房间的地板上画了一个直径为1丈的大圆,又在里面做了个正六边形,然后摆开小木棍开始计算。此时,祖冲之的儿子祖暅已经13岁了,对此也很感兴趣,就帮着父亲一起演算。父子二人废寝忘食地计算了十几天才算到96边形,而且结果比刘徽的少了0.000 002丈。

  这时,祖暅对父亲祖冲之说:"我们计算得很仔细,一定没有算错,可能是刘徽错了。"祖冲之摇摇头说:"要推翻刘徽的研究结果就一定要有科学的根据。"于是,父子俩又花了十几天的时间进行重新演算,证明刘徽是对的。

  为了避免再出现计算误差,在后来的实证演算中,每一步祖冲之都要至少重复演算两遍,直到结果完全相同才进行下一步的推演。

名士家风

就这样,祖冲之从 12 288 边形,一直演算到 24 567 边形,两者误差仅为 0.000 000 1。祖冲之清楚地知道,类似的演算还可以继续下去,但在当时的条件下,实际上已经无法计算了,祖冲之也只好就此停止,从而得出圆周率必然大于 3.141 592 6,而小于 3.141 592 7。而这个结果已经达到了当时世界上最先进的水平。

很多朋友知道了祖冲之关于圆周率的计算结果,纷纷登门向他求教。之后,祖冲之又进一步得出圆周率的密律是 355/113,约率是 22/7。这个数据,直到 1 000 多年后,德国数学家鄂图才得出相同的结果。

就这样,在祖父、父亲的循循教导下,祖冲之走上了热爱科学、钻研科学的道路,并不断取得了卓越的成就。

精 研 巧 思

祖冲之的儿子祖暅也是著名的数学家、科学家。少年时代的他和自己的父亲祖冲之一样喜欢钻研一些科学知识,对父亲研究的圆周率问题也产生了浓厚的兴趣。平时,祖暅老是围着父亲问这问那,祖冲之看着儿子求知欲望很强烈,由衷地感到高兴,总是有问必答、百问不厌,积极引导儿子在科学之路探索前行。

幼年时,祖暅亲见父亲祖冲之按照西汉科学家刘歆制造的标准器"律嘉量斛"计算刘歆当时所用圆周率的场景。祖冲之细心地一次又一次地计算着,当他算出刘歆用的圆周率是 3.1547 时,已经是满头大汗。祖冲之兴奋地站了起来,高兴地搓着双手,连声说道:"不错,不错!"一旁的祖暅知道父亲又有了新收获,也连蹦带跳地说:"父亲算对了!父亲算对了!"

这时,祖冲之对儿子认真地说:"不是说我不错,我是说刘歆不错,他很了不起!"接着,他给儿子介绍了刘歆不迷信古人,精研巧思打破旧学说的故事。祖冲之告诉儿子,刘歆作为西汉时期一位有名的大学问家,他读了古代一本数学书《周髀算经》里的"径一周三"这句话后产生了疑问,刘歆通过计算,得出了比《周髀算经》中更精确的圆周率数值。

借着这个机会,祖冲之又向儿子介绍了东汉科学家张衡和魏晋数学家刘徽求得的圆周率。祖冲之告诉儿子,刘徽用的是"割圆术",一直算到圆内正96边形的边长,得出圆周率是3.14,这是最精确的圆周率。祖冲之表示,按照这样的方法继续算下去,就会使圆周率更加精确,而自己想这样算下去。由此,也就有了前述的故事:13岁的祖暅在父亲推算圆周率时,他在一旁做助手摆小木棍算筹,协助父亲进一步精确推演出小数点后七位数的圆周率。

不仅如此,祖暅还勤奋精研,沿着父亲的脚步,重新实测修订《大明历》。

祖冲之24岁时,被宋孝武帝刘骏封为"华林学省"的士族。当时的华林学省被不学无术者弄得乌烟瘴气,而祖冲之没有放松自己对科学的执着追求,他在华林学省苦读了七八年,从天文到地理、从数学到文学,涉猎了很多学科的知识。公元461年,祖冲之32岁时,随同刺史刘子鸾离开华林学省,到江苏镇江做了个事务性小官,暂时远离了科研环境,但他依旧勤奋地钻研天文学。第二年,祖冲之发现前人何承天修订的《元嘉历》中有三处大的疏漏,经过慎重考虑,他决定重新修订一部新的历法。这在当时是一件大事,而且困难重重。但祖冲之经过认真推敲,对《元嘉历》提出了三点修改意见,并另外补充了两点内容,形成了新的《大明历》。然而,这部新的历法遭到了当时执掌内务和机要的重要官员戴法兴的反对。为此,祖冲之和戴法兴等人进行了朝堂辩论,获得了宋孝武帝刘骏的肯定,决定改行《大明历》。然而,当祖冲之沉浸在胜利的喜悦中时,宋孝武帝突然病逝,《大明历》的实行被搁置,直至祖冲之去世都未能启用。

在父亲祖冲之编订《大明历》的过程中,祖暅就帮助父亲进行过观测研究。父亲去世后,祖暅重新实测《大明历》,并多次向朝廷建言推行,直到公元510年,当朝皇帝萧衍才最终批准实施《大明历》,该历法首次引入"岁差"的概念,使历法更为精准,堪称中国历法史上的第二次改革。而此时,祖冲之已经去世十余年了。

除了天文探究外,祖暅最突出的成就是发明了"祖暅定理"。这一定理简单讲就是:两个高相等的立体,如果在任意等高处截面的面积相等,它们的体积也相等。今天看似颇为简单的定理,在当年获得这种认知实属不易。在祖暅之前,三国时期的刘徽、父亲祖冲之等人都做过类似的研究,但终究没有进展。而祖暅却不断创新,通过巧思找到了最简捷的推演方法。"祖暅定理"一直在世界数学史上遥遥领先,直到祖暅之后的1 000多年后,意大利数学家毕华列利才得出了类似的结论。

《南史》中说祖冲之"稽古,有机思",说祖暅"少传家业,究极精微,亦有巧思",无非是讲在科学研究的道路上,祖冲之、祖暅父子二人继承了先贤的研究成果,但又不囿于成见,能够通过各自的潜心研究、勤奋探索、缜密推算,或者进一步深化前人的研究成果,或者有见地地更新固有的研究成果,或者突破性地斩获科研新成果,成

第二部分　为学篇

为一代耀眼的科学父子星！而这一切植根于他们对科学研究的热爱、对国家的忠诚。

或许，在当下很多人心目中，祖冲之也好，祖暅也罢，他们所付出的努力无非是一个科学研究者应做的事情。然而，我们应当看到的是，无论是学习，还是工作，在这些本职岗位上，并不是所有的人都能够勤勉努力地学习前人，都能够精研巧思地超越前人，都能够严谨求实地改革创新。只有那些真正勤奋钻研的人才能够体会到学习和工作的乐趣，也才能够收获到学习和工作的成果。因此，提醒那些假勤奋钻研的人谨记"一分耕耘一分收获"，勤奋未必成功，但不勤奋注定平庸。

附：相关历史史料节选

祖台之，字元辰，范阳人也。官至侍中、光禄大夫。撰志怪，书行于世。

——《晋书》卷七十五

祖冲之，字文远，范阳遒人也。冲之稽古，有机思，宋孝武帝使直华林学省，赐宅宇车服。解褐南徐州从事、公府参军。

——《南史卷七十二》

暅之，字景烁，少传家业，究极精微，亦有巧思。入神之当选，般、倕无以过也。当其诣微之时，雷霆不能入。

——《南史卷七十二》

祖冲之不仅是一位数学家，同时还通晓天文历法、机械制造、音乐，并且还是一位文学家。祖冲之制定的《大明历》，改革了历法，他将圆周率算到了小数点后七位，是当时世界最精确的圆周率数值，而他创造的"密律"闻名于世。

——华罗庚《从祖冲之的圆周率谈起》

第四节　程雪梅:读书正业

在任何时代,人们对"读书"这件事情总有不同的看法,它体现出世人的价值认知观念。有人认为"鸟欲高飞先振翅,人求上进先读书",读书能改善自我,改变人生。也有人是"读书太少而想的太多",认为读书并不一定能够创造财富、成就自我。尤其在当下,颜值、才华、家世等因素交织在一起,使"读书"的境遇更加尴尬,既有为获得读书机会的焦灼与期待,也有面对读书机会的冷漠与不珍惜。这其实都源于对读书的不同认知。或许,读书并不能让人拥有点石成金的技能,但至少,读书能改变一个人的气质和品位,能改善一个人的素质和能力,能为一个人赢得更多生存与发展的空间。在北宋,有这么一个奇女子,执着于自己对读书这一"事业"的看重,造就了一代名门,也使我们对读书有了更加深入的思考。她,就是苏洵的妻子、苏轼和苏辙的母亲——程雪梅夫人。

父 子 才 俊

北宋时期的四川眉山,有这样的父子三人,他们皆为著名的文学家、思想家和政治家,为人光明磊落、清正廉洁。在古文创作上同登"唐宋八大家之列",在学术研究上开创了"蜀学",成就了当时中国学术的三大主流之一。这父子三人即苏洵、苏轼和苏辙。

苏洵(1009年—1066年),字明允,号老泉,眉州眉山(今属四川眉山)人。苏洵青年时期喜好游历名山大川,27岁开始发奋读书,精研"六经"百家之书,考察古今成败之理。在穷究诗书经传诸子百家之书后,受成都太守张平、雅州太守雷简夫的举荐,带着两个儿子苏轼、苏辙进京,拜见当时的翰林学士欧阳修,并呈上了自己创作的《权书》《衡论》《机策》等文章22篇。欧阳修大加赞赏,于是向朝廷推荐苏洵,一时间,京城轰动,天下学者竞相仿效,苏洵文名大盛。后来,苏洵被破格录用为秘书省校书郎、霸州文安县主簿,与陈州项城令姚辟等一起编修《太常因革礼》一百卷。该书修成后,苏洵因病去世,享年五十八岁,后被朝廷加封为光禄寺丞,赠太子太师,世称"文公",著有《嘉祐集》(二十卷)等。

苏轼(1037年—1101年),苏洵长子,字子瞻,号铁冠道人、东坡居士,世称苏东坡、苏仙。苏轼是我国历史上罕见的全能型天才。作为散文家,苏轼的散文汪洋恣肆、明白畅达,代表着北宋古文运动的最高成就,与欧阳修并称"欧苏",同属"唐宋八大家"之列;作为诗人,苏轼的诗清新豪健、独具风格,代表着宋诗的最高成就,与黄庭坚并称"苏黄",晚明著名文学家袁宏道称他为"诗神";作为词人,苏轼以其豪放自如开创了豪放词风,与辛弃疾并称"苏辛";作为画家,苏轼是中国"文人画"的倡导者,擅长画枯木怪石,其绘画理论影响深远;作为书法家,苏轼创立了"尚意"书风,史称"苏字",与黄庭坚、米芾、蔡襄并称"宋四家"。此外,苏轼还是一个政治家,官至翰林学士、龙图阁学士、端明殿学士、兵部和礼部尚书,先后出任凤翔、密州、徐州、湖州、登州、杭州、颍州、扬州、定州等地方官,在农业、水利、军事等领域颇有见地,杭州西湖边的"苏堤"即他的政治业绩。晚年被贬惠州、儋州,病逝于常州。后追赠太师,谥号"文忠",留有

《东坡七集》《东坡易传》《东坡乐府》等传世。

苏辙(1039年—1112年),苏洵次子,字子由,一字同叔,晚号颍滨遗老。在父兄的熏陶和影响下,苏辙自幼博览群书,抱负宏伟。19岁时,苏辙与兄长苏轼同榜进士及第,先后任制置三司条例司检详文字、陈州教授、齐州掌书记、南京签判。后来,因故贬筠州盐酒税。宋哲宗元祐元年(1086年),苏辙以绩溪令被召回朝廷,七年之中八次升迁,历任右司谏、御史中丞、尚书右丞、门下侍郎等职,一展政治抱负。后又因上书劝阻起用李清臣而忤逆哲宗,再次被贬。遇赦北归后,苏辙从此寓居颍昌(今河南许昌),闭门谢客,潜心著述。北宋政和二年(1112年)苏辙病逝,终年七十四岁,被追谥"文定"。苏辙与父亲苏洵、兄长苏轼齐名,创作以散文著称,擅长政论和史论,诗歌创作风格淳朴无华、文采稍逊,书法方面潇洒自如、工整有序,有《诗集传》《春秋集解》《栾城集》等流传后世。

在中国历史上,父子兄弟擅长文学者很多,但像苏门三父子这样能在文学、艺术、政治等方面都卓有建树的实属罕见。因此,后世对他们有"一门父子三词客,千古文章八大家"极高赞誉。而这一切成就的获得,与苏家这位奇女子——程雪梅分不开。

程雪梅的娘家是四川眉山的名门望族。父亲程文应是大理寺丞,祖父和几个兄弟也在朝为官。身为千金小姐,程雪梅衣食无忧,但在良好的家庭教育熏染下,程雪梅通经史、有气节,如自己的名字一样,冰清玉洁、气质高贵,她不喜欢胭脂水粉、绫罗绸缎,热爱笔墨诗文、琴棋书画。十八岁那年,这位富家小姐出人意料地嫁给了家境贫寒的苏洵。并且,嫁入苏家后,程雪梅不仅在侍候公婆、料理家务方面是把好手,而且在支持夫婿、教育子女方面更令人钦佩。

第二部分 为学篇

勉夫发奋

据载,程雪梅生于1010年,18岁嫁入苏家,当时苏洵也年仅19岁,还是一个未经世事的懵懂少年。那时的苏家,家境极其贫寒,而苏洵从小就很不喜欢读书,不思上进。婚后,苏洵依然四处游荡,没什么长进,也不知道挣钱养家,这种境况一度让出身富贵的程雪梅闷闷不乐,两人的婚后生活过得十分艰难。有人曾建议程雪梅求助娘家,但有志气的程雪梅拒绝了,她不愿意别人议论自己的丈夫靠她的娘家接济度日。对于这段生活,苏洵后来也在文章中有所记载,说:"昔予少年,游荡不学,子虽不言,耿耿不乐,我知子心,忧我泯没。"

殊不知,当年程雪梅选择嫁给苏洵,其实看重他是支"潜力股",她知道苏洵十分聪明。结婚以后,程雪梅心底看重的也是丈夫上进,她不像其他人一样冷眼看待苏洵的现状,而是尽量去理解、关心他。程雪梅想方设法和苏洵交流,告诉苏洵其实他本身天资过人,有着独立的个性,并非"不能学",而是"不愿学",进而,百般苦劝苏洵通过发奋读书来自强自立。

此外,程雪梅也尽心尽力照料家庭,她把苏家大大小小的事情都承担下来了。侍奉公婆、教育子女,整日勤劳不息。并且,在苏轼的文章里有记载,程雪梅在眉山城南谷行街上还租了一栋宅子,经营起布帛织物的生意。

看着出身富贵却安贫守志为苏家操持劳累的妻子,苏洵深为感动,终于,在25岁那年,苏洵幡然醒悟,决定潜心治学。他对妻子说:"我自己想了想,现在开始学习为时不晚,如果静下心来,一心一意地学习,家中生计又能靠谁呢?"

看着丈夫"迷途知返",程雪梅知道自己一直盼望的那天到来了。她对苏洵说:"只要你立志苦读,家里的生计我来承担,再苦再累我也心甘情愿。"自此,苏洵闭门谢客,发奋读书。

《三字经》里有言曰:"苏老泉,二十七。始发奋,读书籍。彼既老,犹悔迟。尔小生,宜早思。"这其中说的就是苏洵年少时光,无心读书,虚度了光阴,年岁渐长后,才明白读书是为人立身之本,所以二十七岁才开始发奋读书。苏洵每日端坐于书斋,苦读不休。相传有一年端午节,妻子见他一直待在书房读书,连早饭也忘记吃了,特地剥了几个粽子,连同一碟白糖,送进了书房,没有打扰苏洵就悄悄离开了。近午时分,妻子进书房收拾盘碟时,发现粽子已经被苏洵吃完,但糖碟却原封未动。仔细一瞧,砚台四周残留有小少糯米粒,而苏洵的嘴边则有白有黑,白的是糯米粒,黑的是墨汁。原来,苏洵一心只顾读书,把砚台当成糖碟了,蘸在粽子上的不是糖,而是墨汁。由此可见,幡然觉悟读书方为正业的苏洵该是何等的用功。其实,这中间忽略了最关键的一件事,那就是,如果没有妻子程雪梅的耐心勉励与无私奉献,苏洵也不会有靠读书立业的勇气和志气。

后来的事情也就顺理成章了。1056年,苏洵带苏轼、苏辙二子进京应试,谒见翰林学士欧阳修。欧阳修称道其文才,向朝廷举荐了苏洵,一时间,苏洵名震京城。第二年,苏轼、苏辙二子同榜应试及第,轰动京师。父子三人都学有所成,而苏洵则大器晚成,终成一代大家。

慈 母 教 子

程雪梅作为妻子,是苏洵的贤内助;作为母亲,是对孩子们影响最大的老师。

苏轼出生时,父亲苏洵28岁,正处在发奋苦读之时。其实在苏轼之前,程雪梅还生有一个儿子,后来在苏轼两岁时夭折了。又过了一年,苏辙出生了。据记载,程雪梅前后生了六个子女,但只有苏轼、苏辙两兄弟与女儿苏小妹存活了下来。尽管如此,程雪梅并没有对孩子娇生惯养,而是引导他们刻苦读书、成才成人。

在苏轼、苏辙成长的过程中,作为父亲的苏洵长期读书、游学在外,兄弟二人的启蒙教育重担自然落在母亲程雪梅的肩上。

程雪梅鼓励苏轼、苏辙两兄弟要"立乎大志,不辱苏门,也不悔于国家"。母亲教苏轼和苏辙识字、读书,使他们小小年纪就博通经史。母亲还注重他们的品德和情操教育,抓住生活中的一切机会言传身教,潜移默化地影响两兄弟的德行。程雪梅经常对孩子们说:"读书识字,不是为求官谋食,也不是专求功名利禄,而是为了知事明理、学会做人。"

苏轼曾在《记先夫人不残鸟雀》一文中记载:小时候,苏轼的书房前翠竹松柏丛生,花草葱郁满院,许多鸟儿都飞落到树上筑巢安家,与主人和睦相处。因为母亲痛恨杀生的行为,嘱咐家人都不能捕捉鸟雀。这样,几年下来,那些鸟巢把树枝都压弯了,巢里的雏鸟也是俯拾即是。还有一种叫桐花凤的珍稀鸟儿也在院子里飞翔,邻里乡亲见状,都惊叹不已。文章虽有政治寓意,但通过母亲爱鸟之事,体现出一个"仁"字。母亲程雪梅用自己的言行教导孩子们做人要有仁爱宽厚之心,这件事让苏轼终生难忘。

还有一件事苏轼记在《记先夫人不发宿藏》一文中,那是苏轼的母亲在眉山的纱縠行租房居住时。一天,两个婢女熨烫衣物时,脚意外地陷入一个地洞中,往下探察发现地洞深数尺,里面有一个用乌木板盖着的瓮,有人认为是前人埋藏的东西,想挖出来,但是,苏轼的母亲让人用土填好洞穴。母亲用实际行动教育苏轼兄弟,君子爱财,取之有道,凡非分得来的财物,一分一毫也不能妄取,这是做人的准则。

苏轼兄弟还记得母亲给他们讲东汉《后汉书·范滂传》的情景。范滂是东汉末年人,他很有学问,并且为官清正、有胆有识。后来,范滂因为同情百姓疾苦、抨击奸党豪强而受人诬陷,他愤慨长叹:"若我死后,愿将我埋首阳山侧,上不负皇天,下不愧夷齐。"临行前,范滂向母亲辞别:"弟弟仲博孝顺,可以尽赡养母亲的责任,如今儿子要离开您了,希望您不要过分悲伤。"范母擦干泪水对儿子说:"你今天得到的是与李膺、杜密一样的好名声,我还有什么悲伤的呢?人有气节在,长寿与否都无关系。"程夫人讲到这里不觉慨然叹息,她敬重刚直不阿的范滂,更敬重平凡伟大的范母。苏轼听到这里,对母亲说:"我长大了要做范滂那样的人,您允许吗?"程夫人感动不已,对苏轼说:"如果你能做范滂那样的人,我难道就不能做范滂母亲那样的人吗?"

程雪梅正是通过这样一点一滴的教育,把勤奋好学、仁义道德、刚正不阿等种子埋进了两个儿子的心里,一步步铸就了苏轼兄弟积极进取的人生态度和正确价值观,也自然而然有了21岁的苏轼、19岁的苏辙兄弟二人同登金榜、名噪京城的佳话。

然而,令人遗憾的是,这样一位妻子、一位母亲,却在生命中最重要的男人们功成名就时寂寞离世,未能继续见证丈夫和儿子日后的辉煌成就。但是,程雪梅应当是欣慰的,她的勤勉付出最终换来的是丈夫和儿子们杰出的文学与文化成就,而她的见识与德行也令后人追慕不已。

我们常说:每一个成功的男人背后总站着一个伟大的女人。对"三苏"父子而言,程雪梅就是他们背后那个伟大的女人,她是一位知书达礼的妻子、循循善诱的母亲,出身名门的她接受了良好的家庭教育,深知读书的重要意义。因此,无论对自己的丈夫,还是自己的孩子,她都坚信一点,唯有读书才是正业!或许读书并不能给人带来一条向上的坦途,但是,人通过读书能明白事理、完善德行,真正做一个顶天立地的人!

附:相关历史史料节选

苏氏文章擅天下,目其文曰"三苏",盖洵为老苏,轼为大苏,辙为小苏也。

——王辟之《渑水燕谈录》

苏老泉,二十七。始发愤,读书籍。

——《三字经》

侄孙近来为学何如?想不免趋时。然亦须多读史,务令文字华实相副,期于适用乃佳。勿令得一第后,所学便为弃物也。海外亦粗有书籍,六郎亦不废学,虽不解对义,然作文极峻壮,有家法。二郎、五郎见说亦长进,曾见他文字否?侄孙宜熟看前、后《汉史》及韩、柳文。有便,寄近文一两首来,慰海外老人意也。

——苏轼《与侄孙元老四首之三》

夫人姓程氏,眉山人,大理寺丞文应之女。生十八年,归苏氏。

程氏富,苏氏极贫。

——司马光《苏主簿夫人墓志铭》

呜呼！妇人柔顺足以睦其族,智能足以齐其家,斯已贤矣。

——司马光《苏主簿夫人墓志铭》

太夫人尝读《东汉史》至《范滂传》,慨然太息。公侍侧,曰:"轼若为滂,夫人亦许之否乎?"太夫人曰:"汝能为滂,吾顾不能为滂母耶?"公亦奋厉有当世志。太夫人喜曰:"吾有子矣!"

——《东坡先生墓志铭》

二子(苏轼、苏辙)皆天才,长者明敏尤可爱,然少者谨重,成就或过之。

——张方平

第五节　李言闻:实践真知

身处知识经济时代,审视当下的教育现状,不难发现,我们其实始终处于一种矛盾的旋涡中,想弄明白知识与技能到底是一种怎样的关系。先前的应试教育注重知识学习和分数体现,如今的素质教育注重素质培养和技能掌控,在两种教育理念的指导下,"高分低能"与"低分高能"的不同教育产出现象让很多家长开始反思:究竟我们的教育是"以知识为中心",还是"以能力为中心"? 事实上,在教育发展中,知识与能力的培养是相互依存、彼此交融的。无论什么时候,扎实的知识基础、广博的知识视野和合理的知识结构都是教育追求的重要目标,只是,在获取知识的同时,我们还要注重知识向能力的转化,并且,我们要清醒地认识到:以知识为基础的能力发展会更具有实践的主动参与意识、交流合作素质与探究解析能力。明代悬壶济世的李家正是厘清了知识学习与能力培养的重要关系，才造就了中国的一代"医圣"。

医 学 世 家

在中国古代，大多数家庭的子女以进士及第、光耀门楣为主要的人生追求，除此之外的人生选择多是不得已而为之，因为医生在当时的社会地位低下，生活也十分艰苦。然而，在这种世俗偏见中，李时珍家族却以四代行医名垂青史。

李时珍（1518年—1593年），字东璧，号濒湖山人，蕲州（今湖北蕲春）人。1518年7月3日，李时珍出生了。

据传，李时珍出生的那天，他的父亲李言闻正在雨湖上捕鱼。平时捕鱼，李言闻的运气都还不错，偏偏这天连下几网都一无所获，李言闻很是郁闷。再撒一网，拉起来沉甸甸的，好像是条大鱼，结果收网一看，是块大石头。李言闻深感受了捉弄，长叹一口气，准备回家。这时，石头突然说话了："石头石头，贺喜不愁。先生娘子快落月，不知先生有何求？"原来，这石头是雨湖神的化身。李言闻赶紧回家，正好李时珍出生了。于是，李言闻就给他取名"石珍"。当晚，李言闻又做了一个梦，梦见八仙之一的铁拐李前来道喜说："时珍时珍，百病能诊。做我高徒，传我名声。"这一梦境似乎预示了小小李时珍未来的人生之路，而这一切是早有渊源的，因为李时珍出生的这个家庭已经是两代行医了。

李时珍的祖父是一个"铃医"，也就是今天所说的江湖郎中。他摇着铃铛，走街串巷，坚持送医上门，为穷苦人民看病。这一职业收入微薄,一家人过着清苦的生活,但李时珍的祖父医德高尚,崇尚文化,含辛茹苦地培养后代,希望后人能传承李氏济民于水火的家风传统。

李时珍的父亲李言闻,生卒年不详,字子郁,号月池。李言闻饱读诗书,年轻时,也希望通过科举建功立业,他曾中过秀才,但后来科举不顺,才接过父亲的衣钵,把治病救人当作自己的事业。因此,李言闻的前半生以医治病人为业,没有多大的功名,家境也并不宽裕,到了晚年才被举荐为贡生,成为京师太医院的吏目。

古代行医与当下不同,医生不仅要负责诊断病情,而且还要亲自为病人抓药,所以,作为一名医生,李言闻有较为明确的自我行医要求,即注重医学理论的学习和医学实践的锤炼。因为医术水平高,李言闻经常被有钱人家请去看病,他因此有机会借阅大量的医书,不断提高自己的医学理论。同时,在为病人看病时,李言闻非常注重所学理论与临床实践相结合,他不仅问诊仔细,而且亲自上山采药,回来切、研、灸、晒,在行医中积累了丰富的经验。李言闻自身的文学修养高,他将自己的行医研究成果写成了《四诊发明》《痘疹证治》《人参传》《艾叶传》等著作,尤其是后两本书,富有文采,可读性非常强。

相比于自己的父亲,李言闻的医术造诣更高,社会地位也有了明显的提高,父子俩热心为灾民、乡邻治病,很有医德,口碑极佳,当地今天还流传着他们的行医故事。

虽然身为医者,以救死扶伤为己任,在当时获得了较高的声望,但是,李言闻最初并不希望自己的儿子李时珍继承衣钵做个郎中。他打算让李时珍的哥哥李果珍跟着自己学医,希望李时珍能在科举和仕途上崭露头角,实现自己年轻时的愿望。从小聪颖的李时珍14岁参加童试,顺利过关,中了秀才。他一鼓作气,寒窗苦读,希望自己能够顺利通过乡试、殿试,进而进士及第,一了父亲当年的心愿。但是,造化弄人,李时珍接连参加了两次乡试,都名落孙山。在第二次乡试时,因为过度劳累还患了重病,幸亏父亲李言闻医术高明,经过精心治疗,才恢复了健康。

1540年,李时珍22岁时,第三次参加了乡试,结果还是无功而返。这次科举考试的失利让李时珍开始重新思考自己的人生之路,从小耳濡目染,受家庭的影响,他对行医有着浓厚的兴趣,最终,李时珍决定不再走科举之路,而是继承祖业,弃文从医。好在父亲李言闻看李时珍确实科举不利,又对医学真的抱有兴趣,于是同意了他跟随自己学医的请求。

博 学 真 知

李言闻极其看重医德,既然儿子李时珍决定要跟他学医,他自然要求十分严格。

其实,早年,李言闻就经常把李时珍和他的兄长李果珍一起带到自己做诊所的道士观——"玄妙观"中,一边行医,一边教他们读书,还不时让孩子们帮助誊抄一下药方。那时的李时珍常常偷空放下八股文章,翻开父亲的医书,读得津津有味,像《尔雅》中的《释草》《释木》《释鸟》《释兽》等篇,他都倒背如流。如今,李时珍全身心地投入到医学学习中,李言闻自然教得用心。

李言闻并不单纯向儿子传授临床经验,还要求儿子攻读古典博物学、医学书籍。在父亲的指导下,李时珍每天天不亮就起床埋头

名士家风

苦读,《黄帝内经》《伤寒杂病论》《神农本草经》等医学、药学名著,他都精心研究过。据载,李时珍年轻时"读书十年,不出户庭",可见,在理论学习方面,李时珍是下了大量的功夫的。

24岁那年,李时珍跟着父亲正式行医。父亲李言闻告诫他说:"熟读王叔和(晋代著名医学家,著有《脉经》一书),不如临症多。"言下之意,学医不能死读书,还必须多接触病人,在实践中广泛学习思考,才能有所成就。李时珍牢记父亲的教导,认真行医看病,在临床实践中积累了丰富的经验。

据载,有一天,李言闻带着长子上门行诊去了,玄妙观中只剩下李时珍一人。这时,来了两位病人,一个火眼肿痛,一个暴泄不止。李时珍思虑了一会儿,告诉病人父亲晚上才能回来,要不自己给他们先开个方子试试。那个拉肚子的病人难受极了,就同意了。李时珍便果断地开方取药交给病人了。晚上,李言闻回到家里,看了儿子开的药方,心一下子提到了嗓子眼儿,他详细问了病情,以及李时珍如何开方的,李时珍小心应答。李言闻听了不住地点头,心里又惊又喜,儿子不仅读了不少医书,而且还能在治病的过程中对症下药,确实是当大夫的料。这时,在一旁听父亲和弟弟谈话的李果珍十分羡慕,也想找机会试试手,让父亲看看自己的医术也不差。

恰巧没过几天,又有两个眼痛和腹泻的病人前来就诊,而这天正好只有李果珍一人在诊所。李果珍见这两人所说的病情和弟弟谈到的一样,就不假思索,按照弟弟的药方做了处理。不料,第二天一早,这两个病人找上门来,说服药后病情不见好,反而加重了。李言闻一问李果珍就连说:"错啦!错啦!"李果珍心里不服,李言闻就告诉他,病症一样,病情实质有时却不一样,李时珍那天给病人升的药方以艾草为主药,今天这病人的药方却要以黄连为主药,道理一摆,李果珍是心服口服。

1546年,李时珍的家乡遭遇水灾,瘟疫流行,许多穷人无钱治病,李言闻带着28岁的李时珍四处奔走,为乡亲们治病。在治病的过程中,李时珍和父亲遇到了很多疑难杂症,这更加促使李时珍去刻苦提高自己的医术。他不断地学习医书、药书,不断地实践,一方面,他学习前人的经验,并继承和发扬了父亲的医疗技术,灵活使用"辨证论治"的治疗方法;另一方面,他吸取民间经验,采用"经方""时方",兼施博用,内外并举,治好了许多疑难杂症。不久,李时珍和父亲一样,成为远近闻名的医生了,父子俩的医道和医术受到了百姓的称赞,每天他家门口都挤满了前来就诊的病人。

而在行医实践的过程中,细心的李时珍也发现,古人留下的中草药著作,存在药理不清等问题,他决心要重新修订本草著作。李时珍的大胆想法得到了父亲的赞赏与支持,曾经因科举失利而情绪低落的父子二人可能谁也没想到,正是这一想法催生了"中国古代的百科全书""东方的医学巨典"——《本草纲目》。

躬 亲 实 践

明世宗嘉靖三十一年(1552年),当34岁的李时珍决定开始重修本草著作时,他可能还没想到自己将面对怎样的难题。

因为前期准备的相对充分,李时珍写本草著作开始比较顺利,但写着写着,问题就来了。所谓的"本草",是古代药物学的代称,包括花草果木、鸟兽鱼虫、铅锡硫汞等众多植物、动物和矿物药物,因其中绝大多数以植物为本,所以,人们将这些药物直接称为"本草"。

从东汉《神农本草经》成书,到李时珍时期,有不少本草药学专著问世,但没有一部能概括药物学新进展的总结性著作。李时珍虽然意识到了自己重新修订的本草著作的意义,但并未料到重新修订的难度之大,毕竟,药物品种多样,对它们的生长情况、习性药性等,前人各家说法不一,而自己很难做到了如指掌、断定真伪。比如白花蛇,作为蕲州的三大特产之一,主治惊搐、癫痫等疾病,是一味贵生药品。药书有记载说,白花蛇身上有二十四个斜方块花纹,李时珍并不知道真假,就去问父亲李言闻。其实,对于白花蛇身上的花纹,李言闻早已亲自证实,但他却告诉儿子:"我们蕲州有的是白花蛇,你去山上抓一条一看不就知道了吗?"父亲其实是在启发儿子自己从实践中探求真知。第二天,李时珍就跟着捕蛇人一起上山寻找白花蛇,想探个究竟。在有石楠藤的地方,捕蛇人捉得一条白花蛇,李时珍看得清清楚楚,白花蛇的头是三角形的,嘴里有四颗毒牙,背上有二十四个斜方格,腹部有黑色斑纹,与一般的无毒蛇大不相同。并且这种蛇与蛇贩子从江西兴国贩得的"白花蛇"是有些差异的,需要细心辨认。为此,李时珍专门写了一篇《蕲蛇传》以供世人鉴别。

因为这件事情,李时珍受到极大的启示:"读万卷书"固然需要,"行万里路"也必不可少,实地调查得来的结果要比药书上写的更加真实、确切。他下定决心深入实际、广泛调查,夯实本草著作的准确性。从1565年开始的十多年间,李时珍带着儿子李建成和徒弟,多次远行考察,先后攀登了武当山、庐山、茅山等大山,足迹遍布河南、河北、江苏、安徽、湖北等地。他深入民间,向铃医、农民、渔民、樵夫、车夫、药工、捕蛇者等请教,采集到了很多新药加以鉴别考证,弄清楚了许多疑难问题,同时,参考历代医药等方面书籍925种,"考古证今,穷究物理",记录了上千万字的札记。

在李时珍修订本草著作的过程中,1559年,朝廷下诏延揽天下名医,李时珍也被推荐进入了太医院。在这里,那些老御医根本看不起他,修订工作也曾受到一些人的阻挠。但是,李时珍利用工作的便利条件,见识到了民间难以看到的名贵药材,积累了不少的药物学知识。一年多以后,因为不喜欢太医院的氛围,李时珍离开了这里,回到了故乡,继续自己的修订工作。

终于,经过27年的努力,明神宗万历六年(1578年),李时珍完成了修订本草著作的初稿,时年61岁。这部书借用朱熹的《通鉴纲目》之名,定名为《本草纲目》。接着,该书又经过10年3次修改,李时珍为了这部书前后耗时40年,最后才在万历二十五年(1597年),即李时珍逝世后的第三年,在金陵(今江苏南京)正式刊行。

《本草纲目》16部52卷,约190万字,收录诸家本草所收药物1518种,在前人的基础上增收药物374种,合计1892种药物,其中,植物1195种。它辑录了古代药学家和民间处方11096则,附药物形态图1100余幅,是到16世纪为止中国最系统、最完整、最科学的一部医药学著作。《本草纲目》后来被译成日、英、德、法、俄、拉丁等多种文字,被誉为"东方医学巨典",达尔文称赞它是"中国古代的百科全书",在世界医学领域里产生了很大的影响。

除《本草纲目》,李时珍还有《奇经八脉考》《濒湖脉学》传世,另有《命门考》《濒湖医案》《五脏图论》《三焦客难》《天傀论》《白花蛇传》等皆失传。在李时珍去世后,朝廷敕封他为"文林郎"。他的儿子李建元,也是秀才出身,曾经作为父亲的助手,参与了《本草纲目》的资料收集、整理、配图等工作,也成长为一代名医。

俗话说,"青出于蓝而胜于蓝",李时珍较之于自己的祖父、父亲，无论是医学理论修养，还是临床实践经验都有很大的超越。对此，李时珍付出了异于常人的努力。但是，我们应当看到，在学医、行医这条道路上，祖父、父亲给予李时珍的启发、引导也很关键，尤其是父亲李言闻，他不仅自己坚持勤学理论、临床实践的原则，而且在指导李时珍学习进步的过程中，不断强化着儿子的学习认知：医学是很深的学问，要有扎实的医学理论修养，更要有理论联系实际的意识，只有在临床实践中得出的结论才是真实有效的医学真知。学医如此，学习其他学科更是如此，只有理论知识与实践应用有机结合的学习才是有价值的学习，而这样培养出来的人也才是知识经济时代所需要的"才""能"兼备的人！

附：相关历史史料节选

性理之精蕴，格物之通典，帝王之秘籍，臣民之重宝。

——王世贞《本草纲目·序》

集本草者无过于此。

——《四库全书总目提要》

16世纪中国有两大天然药物学著作，一是世纪初的《本草品汇精要》，一是世纪末的《本草纲目》，两者都非常伟大。

——[英]李约瑟《中国科学技术史》

第三部分

品 德 篇

第一节　蔡邕：修身正心

在当下的家庭教育观念中，无论是儿子，还是女儿，都享有同等的受教育权利，家长对他们的教育都同样尽心尽力。而在古代，儿子、女儿受教育的权利是区别对待的，因为很多时候很多家长都认为"女子无才便是德"，即便学习，也只是学学女红之类的技能而已。并且，后世流传的很多家教训导都是针对儿子提出的，除《周易》《周礼》《礼记》等书中有对女性行为准则的规定外，针对女儿的训导文章直到汉代才开始出现，这得益于蔡邕、荀爽等名士的提倡。今天，当我们重读蔡邕所写的一些女训文章，会发现，这些文章看似是对女儿的教导，却对所有的家长和孩子都有所启发。

至孝名儒

蔡邕（133年—192年），字伯喈，陈留郡圉（今河南省开封市杞县圉镇）人，东汉时期著名文学家、书法家、史学家和画家，因官至左中郎将，后人称他为"蔡中郎"。

蔡邕的六世祖蔡勋，喜好黄老之术，汉平帝时代曾担任过郿县县令。蔡邕的父亲蔡棱，操行清白，死后被封为贞定公。祖上的名士家传对蔡邕的影响深远，他本人师从当时著名的学者胡广，博学多才，精通经史、音律、天文，写得一手好文章，并且，在书法方面擅长篆书、隶书。

据载，汉灵帝时期，宦官弄权，朝野并不安宁。汉灵帝曾多次征召蔡邕为官，他都称病拒绝了朝廷的任命。后来，蔡邕被征辟为司徒掾属，担任河平长、郎中、议郎等职。

汉灵帝熹平四年（175年），蔡邕因经籍年代久远，与杨赐等人奏请皇帝正定《六经》文学。汉灵帝同意了。于是，蔡邕在石碑上手写经文，让工匠刻印好，并将石碑立于太学门外，世称《熹平石经》，一时轰动朝野。

蔡邕拥有如此才华，但因为人诚实、性格耿直、不睦权贵而不见容于当朝。他不满宦官专权，曾向汉灵帝上疏整顿吏治，选拔有才之士。蔡邕直言相谏的行为渐渐令汉灵帝厌烦，也让宦官们又恨又怕，于是，常常有人在汉灵帝面前进谗言说他目无皇上，骄傲自大，有谋反的迹象。蔡邕自知处境危险，于是逃出京城隐居起来。

蔡邕最值得称道的还有他的音乐才华，其才能与"曲有误，周郎顾"的周瑜不相上下。蔡邕不仅通晓音律，擅长弹琴，美妙的音乐和弹奏的失误都不可能逃脱他的"乐耳"，而且，对琴的选材、制作、调音等都有独到的见解。

在隐居吴地的那些日子里，蔡邕常常弹奏其随身携带的琴，借琴声来抒发自己壮志难酬，却反遭迫害的悲愤，表达自己生不逢时，前途渺茫的怅惘。

有一天，蔡邕坐在房里弹琴自叹，女房东在隔壁的灶间烧火做饭，她将木柴塞进灶膛里，木柴被烧得"噼里啪啦"地响。这边屋里的蔡邕忽然听到一阵清脆的爆裂声，心中一惊，他抬起头，竖起耳朵细细听了几秒钟，跳起来就往隔壁的灶间跑去。跑到灶炉边，蔡邕顾不得火势撩人，伸手将女房东刚塞进灶膛当柴烧的一块桐木拽了出来，大声喊道："快别烧了，别烧了，这可是一块难得一见的做琴好材料啊！"蔡邕的手被烧伤了，他也不觉得疼，惊喜地在桐木上又吹又摸。好在抢救及时，桐木还很完整，蔡邕就将它买了下来。经过一番精雕细刻，蔡邕将这块桐木做成了一张琴。这张琴弹奏起来，音色美妙绝伦，盖世无双，成了世间罕有的珍宝，因为它的琴尾被烧焦了，人们叫它"焦尾琴"。流传到后世，有人曾做对联说：灵帝无珠走良将，焦桐有幸裁名琴。

这样一位有才华的耿直名士，还是一位至孝至义之人。

蔡邕品行端正，所行之处，都与自己周围的邻居相处得非常好。蔡邕生性笃孝，据载，蔡邕的母亲曾经重病卧床三年，他不论盛夏严寒、气候变化，都未宽衣解带睡过觉。后来，母亲病重不久于世，蔡邕七十天没有合眼睡觉。母亲病逝后，蔡邕就在母亲的坟墓旁盖了一间房子为其守制，一动一静，都恪守礼制。或许，是蔡邕的孝道感动了上天，在其居住的地方出现了奇异的现象：一只兔子很驯顺地在蔡邕的房子旁跳跃玩耍，毫无畏惧之感，又有树木生出连理枝。远近的人都觉得很是奇怪，很多人都前来观看。此外，蔡邕为人仁义，气度非凡，他与自己的叔叔、堂弟们多年居住在一起，始终没有分家。蔡邕身上的这些品质是非常难能可贵的。

但是，这样一位有才有德之人却生不逢时。后来，董卓专权，强制征召蔡邕为祭酒。并且，三日之内，多次将其升官封侯。这导致董卓被杀后，蔡邕因在司马王允家里略发感叹而被捕下狱，不久便死于狱中，时年五十九岁。

蔡邕生平藏书多至万余卷，晚年仍存四千卷，创作有文集二十卷未传于后世。明代张溥后来辑录了《蔡中郎集》，《全后汉文》中对蔡邕的著作也多有收录。此外，唐代张怀瓘的《书断》评价蔡邕的"飞白体"书法是"妙有绝伦，动合神功"。

名士家风

鼓 琴 有 礼

　　蔡邕一生虽然遭遇坎坷,却培养了两个很有修养和才华的女儿。一个女儿是蔡文姬,本名蔡琰,字文姬,生卒年不详。蔡文姬早年嫁给了卫仲道,后因卫仲道早逝,又无子嗣,就回到娘家。后来匈奴入侵,蔡文姬被匈奴的左贤王掳走,嫁给匈奴人,并生育了两个孩子。十二年后,曹操统一北方,因与其父蔡邕有文学、书法上的交流,念及蔡邕身边没有子嗣,就花重金将蔡文姬赎回,又做主将蔡文姬嫁给董祀。历史上关于蔡文姬的事迹记载并不多,只有"文姬归汉"的故事在历朝历代广为流传。但蔡文姬擅长文学、音乐、书法,平生有很多散文、辞赋作品,都流失了。现存有《悲愤诗》二首和《胡笳十八拍》令人称道,流传至今。

　　蔡邕还有一女,史料记载更少,她嫁给了曹魏时期的上党太守羊衜,羊衜早逝,蔡氏与儿子羊祜一起生活。据传,有一次丈夫羊衜前妻的孩子羊发和自己的孩子羊承同时生病,蔡氏为了照顾羊发,而导致自己的孩子羊承夭亡。另一子羊祜(221年－278年),字叔子,是当时著名的战略家、政治家和文学家,他博学能文,清廉正直。羊祜能成长得如此优秀,想必与母亲蔡氏的教导息息相关。

　　蔡邕的两个女儿人生虽有波折,但都有很高的修养与才学,得益于蔡邕教女有方。在教育女儿方面,蔡邕并不像当下的很多父母那样,进行生硬的说教,而是结合女性的特点,用形象化的方式着眼强化女儿的道德心灵,提高其思想文化素质。

　　蔡文姬自幼受父亲的影响,对文学和音乐产生了浓厚的兴趣。除了每天把父亲的诗文著作放在案头,一遍一遍地精读吟诵外,蔡文姬还跟着父亲蔡邕学习琴技。她经常俯在父亲的身边听他弹琴，然后自己再去练习。天长日久，蔡文姬成了父亲的知音。只要一听到父亲弹琴，蔡文姬就知道弹的是什么曲子，甚至能辨识哪个音是由哪根弦弹奏出来的。

据说有一天夜里，蔡邕独自在房里弹琴，蔡文姬在隔壁房间欣赏着悠扬动听的琴声。突然，"嘣"地一声，一根琴弦断了。蔡文姬大声问父亲："父亲，是不是您弹的第二根琴弦断了？"蔡邕一听，大为吃惊，女儿简直是神了。为了检验女儿的辨识能力，又弹了一会儿，蔡邕故意弄断了另一根琴弦，这时，蔡文姬又准确无误地说了出来，蔡邕对女儿灵敏非凡的辨音能力十分钦佩。

但是，蔡邕对蔡文姬的非凡才能并不多做夸奖，而是更加精心地引导和培养她。蔡邕写了一篇文章教导女儿如何弹琴，意在告诉女儿弹琴也是有规矩的，需要注重各种礼节。

据传一天长辈在家，听女儿弹琴，女儿态度极为敷衍，蔡邕看到后，写了一篇文章，蔡邕告诫女儿，在长辈面前弹琴，必须端正坐好，手持琴认真弹曲。如果有人问弹的是什么曲目时，一定要先把琴放在一边，高兴地告诉长辈曲目。弹琴的音量大小要根据长辈坐的远近而定。弹奏小曲五遍而止，大曲三遍而止。不论弹多少曲子，只要长辈没有厌烦，就不能中途停止。并且，琴必须经常调试，不能在长辈面前调试琴弦。诸如此类的弹奏细节，蔡邕都一一交代清楚。从这篇《训女鼓琴》可以看出，虽然弹琴是一种娱乐活动，但是也涉及礼仪修养，蔡邕在教女儿弹琴的时候，是把弹琴技巧与家庭礼仪教育有机地结合起来了。

饰面修心

这件事让我们看到了蔡邕在培养女儿方面不仅重视才能培养，更重视女儿的品行修养，另有一篇《女训》也是特意为女儿所写。

爱美之心人皆有之，作为父母应特别注意引导，让孩子懂得什么才是真正的美。蔡邕在《女训》中，根据女孩儿的特点，谈到了梳妆打扮的一些讲究，但是，他是以此作为比喻，来告诉女儿，在追求外表美的同时，更要追求心灵美，因为心灵美比外表美更重要。

蔡邕告诉女儿，装饰面容时要想到修炼善心。他说：人的心就像头与脸面一样，也需要认真修饰。我们的脸一天不清洗修饰，就会让尘垢弄脏，而人的心灵一天不向善修行，就会滋生邪恶的念头。现在很多人只知道修饰自己的脸面，很少想到要修炼自己的内心。如果人们都只知道修饰自己的面容，而不知道修炼自己的善心，实在是很糊涂的事情。因为，一个人如果不修饰他的面容，愚蠢的人会说他丑陋；但是一个人如果不修炼他的心性，贤良的人就会说他可恶。愚蠢的人说你丑陋还可以接受，但如果贤良的人说你可恶，天地间哪里还有你的容身之地呢？

蔡邕进一步告诉女儿，当你对着镜子洗脸的时候，就要反思自己的心灵是否圣洁；当你涂香脂的时候，就要反思自己的内心是否平和；当你搽脂粉的时候，就要反思你的心灵是否纯净；当你润泽头发的时候，就要思考自己的内心是否安顺；当你用梳子理顺头发的时候，就要考虑自己的心思是否有条理；当你挽发髻的时候，就要想想自己的心态是否与发髻一样端正；当你护理鬓发的时候，就要思量自己的心意是否与鬓发一样严整。

蔡邕不愧为文学高手,他在《女诫》这篇文章中,把修面、修发提升到修心的层面,告诫女儿在修饰外表美的同时,更要注重自己的心灵美,只有拥有一颗纯洁、善良的心灵,正直、真诚的人格,才能获得永恒的美。

应当说,蔡邕对于美的体悟在今天仍然值得提倡。在家庭教育中,父母应该特别注重美育教育,陶冶孩子的情操,使他们懂得什么才是真正的美。身为父亲的蔡邕也正是付出了如此精心的培育,才使得蔡文姬博学多才,不仅文学造诣高,而且精通音乐,成为当时有名的才女。即便后来命运坎坷,深陷匈奴十余年,蔡文姬仍然坚强自立、不改节操,这一点体现在女性身上是难能可贵的。

儒家典籍中讲道:"修身齐家治国平天下",其中,"修身"被视为安身立命的重要前提和基础。在古代的中国,人们历来都很重视的修身,不仅仅是对外表的修饰,更是对内心的修养,只有心正,才能营造出人与人和谐相处的良好关系,人与社会安宁幸福的良好局面。蔡邕教女的主张在中国古代社会为女性教育树立了良好的典范,在今天仍然值得我们深思,因为,蔡邕教育女儿时所提出的注重礼仪规范、注重心灵修炼的观点,能够医治当今社会不少人的通病,为良好社会道德规范的形成开了一剂修身正心的良方。

附:相关历史史料节选

邕性笃孝,母常滞病三年,邕自非寒暑节变,未尝解襟带,不寝寐者七旬。母卒,庐于冢侧,动静以礼。有兔驯扰其室傍,又木生连理,远近奇之,多往观焉。与叔父从弟同居,三世不分财,乡党高其义。

——《后汉书·蔡邕传》

初,蔡邕以言事见徙,名闻天下,义动志士。及还,内宠恶之。邕恐,乃亡命海滨,往来依太山羊氏,积十年。

——张璠《汉纪》

心犹首面也,是以甚致饰焉。面一旦不修,则尘垢秽之;心一朝不思善,则邪恶入之。咸知饰其面,不修其心惑矣。夫面之不饰,愚者谓之丑;心之不修,贤者谓之恶。愚者谓之丑犹可,贤者谓之恶,将何容焉?

故览照拭面则思其心之洁也,傅脂则思其心之和也,加粉则思其心之鲜也,泽发则思其心之顺也,用栉则思其心之理也,立髻则思其心之正也,摄鬓则思其心之整也。

——蔡邕《女诫》

舅姑若命之鼓琴,必正坐操琴而奏曲。若问曲名,则舍琴兴对曰某曲。坐若近,则琴声必闻;若远,左右必有赞其言者。凡鼓小曲,五终则止;大曲,三终则止。无数变曲无多少,尊者之听未厌不敢早止。若顾望视也,则曲终而后止,亦无中曲而息也。琴必常调。尊者之前,不更调张。私室若近舅姑,则不敢鼓。独若绝远,声音不闻,鼓之可也。鼓琴之夜,有姊妹之宴则可也。

——蔡邕《女训》

曹操素与邕善,痛其无嗣,乃遣使者以金璧赎之,而重嫁于祀。

——《后汉书·列女传·蔡琰传》

第二节 范武子:谦虚慎己

《大禹谟》有言说:"满招损,谦受益,时乃天道。"谦虚谨慎是中华民族的传统美德,它彰显了一个人的品德修养。一个谦谦君子,懂得虚怀若谷,自然会虚心公道,忠实地表现自己,去赢得威信和地位。同时,也懂得谨慎礼让,不刻意地抹杀或贬低别人,也会在尊重他人的前提下展现自己。因此,一个人懂得谦虚、虚心,其实是赢得进取和成功的必要前提。所以,自古以来,许多父母都特别重视对子女进行这方面品德修养的教育。春秋时期晋国中军元帅范武子就非常注重家族的谦虚教育,不仅为自己,而且为子孙赢得了世人的敬重。

家 世 渊 源

范武子(约公元前660年—公元前583年),祁姓,士氏,名会,字季,因封于随,称随会;封于范,又称范会;以大宗本家氏号,又称为士会,春秋时期晋国的大夫。范武子一生功勋卓著,他基于多代家族传统的积累沉淀和自己对生活的理解,为人谦虚谨慎,不骄不躁,严于律己,宽以待人,深受他人的敬重。并且,范武子对儿孙后代的家教也十分严格,反复教导他们为人处世要恭敬、谦让、低调,要在动荡的社会中为范氏家族的安全着想。

范文子(?—公元前574年),讳燮,字叔,谥号文,后人尊称范文子。范文子是范武子之后的家族接班人,他是个孝子,牢记父亲谦虚慎己的教诲并奉行终身,不仅继承了范武子公忠效国的品格,而且为人更加敦厚、耿直,更具有长者风范,是一位沉稳持重的政治家。

范宣子(?—公元前548年),讳匄,谥号宣,范文子之子。因为出身于名臣大将之家,范宣子从小受到良好的家庭熏陶。家族的名望为范宣子铺平了仕途之路,他在晋悼公时期就较早地登上了晋卿的位置,担任中军佐,为悼公恢复霸业起了重要的作用,后来又辅佐晋平公执掌国政。范宣子还是晋国法家的先驱,在晋国刑法建设方面起到了划时代的作用。

教子谦逊

话说公元前592年,范武子打算告老还乡,其直接的原因是同僚郤克受辱于齐国,十分震怒,回到晋国后一直主张攻打齐国。范武子身为执政上卿,眼看郤克怒气不息,除了想报复齐国,根本没有心思工作。经过深思熟虑,范武子做出了一个令人肃然起敬的举动:决定告老,让郤克担任执政上卿,为的是能够消除他的怒气,进而平息晋国即将到来的祸乱。范武子的儿子范文子因此接替父亲出来做官,被封为"卿"。

因为这件事情,范武子教导儿子范文子说:"我听说喜怒合乎礼法的很少,不合乎礼法的却很多。《诗经·小雅·巧言》中说:'君子一旦发怒,祸乱会很快停止;君子如果喜悦,祸乱也会很快结束。'也就是说,君子的息怒是为了停止祸乱。如果停止不了愤怒,祸乱必定会有增无减。郤克现在发怒了,大概是因为打算对付来自齐国的祸乱吧?但是,我担心他万一对付不了,祸乱就会更大。我打算退休了,让位给郤克来实现他的愿望,也许这个祸乱就能够解决吧。现在,你身在朝廷,要做的事情是跟诸位大夫们学习。"范武子嘱咐儿子一定要谦虚、谨慎、低调,这无非也是为了范氏家族的利益。范武子担心儿子稍有骄奢淫逸,就会失去人心而失势败家。

不久后的一天,天色已经很晚,范文子还没有回家。范武子想着是不是朝中又发生了什么事情。这时,只见范文子兴冲冲地回来了。

范武子连忙关切地问道:"朝中是不是出了什么意外的事情?你怎么这么晚才回家?"

范文子回答说:"父亲,没什么大事,就是秦国来了一位客人,和朝中官员交谈呢。这位客人出了几个隐晦难解的问题,要我们回答。大家谁也答不上来,而我则一口气解答了三个问题。秦国的客人听了十分满意,称赞我有见地呢!"

范武子听了范文子那得意扬扬的回答,再看他那副自我满意的神情,非常生气,厉声斥责他说:"你以为那些与你同朝的官员都不能解答秦国客人的问题吗?那是人家看你是上司、是长者,谦让你,有意让你先发言。而你呢?自命不凡,不知道天高地厚,轻慢同僚,更不懂得谦虚是一种美德!你看你,简直狂傲到极点,一点也不稳重低调,简直是丢人现眼,还不知道羞耻!"

范武子越说越生气,举起手杖朝范文子打去,把他的帽簪都打折了。父亲这番训斥让范文子冷静了下来,他觉得自己的确荣辱不分,还以耻为荣,感到深深的自责。从那以后,范文子谈吐行事更加谨慎谦虚了。

巧的是,同样的事情也发生在范文子与自己的儿子范宣子身上。

公元前575年,晋国和楚国交战。当时,范文子任中军副帅,儿子范宣子也跟随队伍前往战场。

一天清晨,楚军趁晋军毫无准备,发动袭击。晋军虽然军事实力强大,但因事发突然,又无防备,立刻陷入了被动的状态中。就在

名士家风

晋军将领们紧急磋商对策时,范宣子跑来了,他不顾将领们正在商议什么,就开始发表自己的意见:"有什么可怕的呢?依我看,我们把灶平了、井填了,来个鱼死网破,硬拼一场,准能打败楚军。"

范文子见儿子目无尊长、自以为是,十分生气,当场斥责道:"你懂什么,还不快滚开!"说完,把范宣子轰了出去。

事后,范文子对范宣子进行了严厉的批评,告诉他行事一定要戒骄戒躁,谦虚谨慎,切不能恣意妄为,否则,会给自己带来意想不到的祸患。

范武子教育儿子范文子要谦虚谨慎,范文子又教育自己的儿子范宣子要谦虚谨慎,这种美德在范氏家族里真正做到了代代相传。范宣子后来果然没有辜负父亲的教导和期望,继承了他的优良品德,虚心学习、刻苦磨炼,被封为中军之佐。

居功礼让

明代学者方孝孺说过:"虚己者进德之基。"任何一个现实中人,内心无时无刻不被"现实"所充盈,从而会在某种程度上使自己的生命显得单调而没有深度。但是,当我们超越"现实"的束缚,用虚己、虚心来提升自我的人生境界,一定会为自己赢得美善的德行空间和宽广的成长空间。范文子和范宣子即是如此。

公元前589年,范文子以上军之佐的身份跟随中军元帅郤克攻打齐国,取得了胜利,这就是历史上著名的晋齐鞍之战。

凯旋的时候,军队受到晋国臣民的夹道欢迎。范武子不顾年迈体衰,拄着拐杖,在家人的搀扶下来到大街上,亲自迎接凯旋的儿子。

看着一队队雄赳赳、气昂昂的将士迎面走来,范武子心里十分激动,在军队将士中寻找自己儿子的身影,可就是没有看见。范武子顿时紧张了:"莫非儿子……"他不敢往下想。

正当范武子忐忑不安地找寻时,突然,一个熟悉的面孔从队伍最后走了过来,正是他的儿子范文子。范武子蹒跚着迎上前去,拉着儿子,急切地问道:"儿啊,你不是副帅吗?怎么走在队伍的最后呢?我可是焦急地在盼望你出现啊!"

只听见范文子说:"父亲,这次是郤克主帅领兵打了大胜仗,他立了大功,而我呢,是郤克的助手,只是个副帅,如果儿子走在队伍的前面,恐怕晋国的臣民都会把视线投到我身上,那不是抢了主帅的风头吗?"

听到儿子这么解释,范武子打心底里感到高兴,连连点头说:"我儿子明白事理,懂得谦让了,这样,为父就放心了。"在这件事情上,范文子表现出年轻人少有的低调与谦逊。后来,国君表彰功臣,范文子都推功于郤克等人,反而为自己赢得了赞誉。

巧的是,类似的事情也发生在范文子的儿子范宣子身上。

范宣子所在军队的中军将领去世后,按照他的资历、功绩和能力,可以顺利升迁为中军将。可是,范宣子认为自己还不够任职的资格,主动提出让荀偃来担任中军将。范宣子主动谦让的事情在军队中产生了非常好的影响,很多下级军官本该提升职位的,都主动辞让,形成了良好的人际关系。后来,晋平公在位,范宣子出任大臣,曾领兵攻灭贵族栾盈的族党。另外,范宣子还制定刑书,为晋国的兴盛立下了汗马功劳。

宋代的林逋在《省心录》中说:"知不足者好学,耻下问者自满。

名士家风

一为君子,一为小人,自取如何耳。"在现实生活中,面对复杂的客观事物和客观现象,每个人的认知都不可能那么完整而确切,如果想要认识清楚这些客观的东西,力求少犯错误,或者不犯错误,我们都应该抱着谦虚的态度,这才是虚心追求学问、谨慎为人处世的正确方法。

　　想当年,韩信是怎样成就了从平民到将帅的传奇的?他至孝、至仁,能忍下胯下之辱,在刘邦建立大汉王朝的事业中起到重大的作用,成为中国历史上著名的军事将领。然而,他功高震主,又不懂得谦恭退让,最终因名利得失而招致杀身之祸,他的悲剧性人生结局千百年来让人扼腕叹息。而与韩信同时代的张良,有一次在下邳的桥上遇到一位穿着粗布衣裳的老人——黄石公,黄石公把自己脚上的鞋丢到桥下,让张良帮他捡上来并穿上。张良很是吃惊,但看他年迈,就替他捡起鞋并恭恭敬敬地穿上。黄石公见他谦虚有礼,称赞他"孺子可教",便将《太公兵法》传授于他,最终使张良名扬天下。倘若张良自大骄横,又怎会有这次决定其后半生命运的奇遇呢?

　　再想想唐太宗,初登皇位,因人投其所好进献的一张弓,便悟出了治国之道——谦虚。唐太宗原以为有劲之弓便是好弓,弓匠却告诉他:"弓的好坏不单单取决于它是否刚劲有力,射得远,更要看它用料的脉理是否好,因为这决定了弓是否射得准。"由此,唐太宗意识到自己知识浅薄,用弓几十年尚且不懂得好弓深层次的标准,那治国方略懂得的更少,更需要向群臣虚心学习。因此,唐太宗每次召见大臣,总是谦虚认真地听取他们对于治理天下的意见,来丰富自己的见识。他所重用的宰相房玄龄也是这样的一个人。贞观二十一年（647年），唐太宗在翠微宫任命司农卿李纬为户部尚书，房玄龄当时在京城留守。遇到从京城来的人，唐太宗就询问他们房玄龄听到李纬任命消息的反应。来人回答说："房玄龄只说'李纬美髭鬓'，没有说其他的。"唐太宗就明白了，重新改任李纬为洛州刺史。一句无关痛痒的话，我们可以看出房玄龄为人谦虚谨慎的特点，他不以己之长丈量他人之短，对同僚不求全责备，这也是唐太宗倚重他32年的原因所在。同时，我们也可以看出唐太宗能从谏如流，他虚心听取朝野大臣的意见，在任命李纬这件事上没有独断专行。这都恰恰是谦虚为人的智慧之所在。

或许这就是我们常说的谦虚制胜吧。

人生在世，谁敢妄言自己全知全能呢？为人父母者不能，身为子女者更不能。毕竟，身处无限的世界之中，个人的知识有限。但是，我们可以把自己的知识拓展得更广，而要做到这一点，就必须谦虚慎己。这一方面是一种品德修养，另一方面是一种处事智慧。一个人只有淡化对个人利益的追求，才能虚心看待人和事，学习别人的长处来弥补个人的不足，彰显出人格魅力。同时，一个人只有心态平和、摆正位置，谨慎地对待名和利，才能在谦虚礼让中赢得别人的赞誉，获得发展的空间。所以，在当下的家庭教育中，父母一定要引导子女养成谦虚慎己的品质，才能使子女在未来为自己赢得成长的惊喜。

附：相关历史史料节选

公元前592年，晋君使郤克征会于齐。郤克固有跛足残疾，适为齐侯母夫人窥见，被耻笑，受辱而归，怒不可遏。日夜向景公言伐齐之利。士会患之。语士燮曰："吾闻之,千人之怒,必获毒焉。夫郤子之怒甚矣,不快心以逞于齐,必发怒于晋国内。不得政,何以逞怒;余将致仕焉,以成其怒,冀其无以内易外也。尔勉从二三子以承君命,唯敬。"乃告老,让之以政。

——《范氏历代先贤史料》

晋师归,范文子后入。武子曰："无为吾望尔也乎?"对曰:"师有功,国人喜以逆之。先入,必属耳目焉,是代帅受名也,故不敢。"武子曰："吾知免矣。"郤伯见,公曰:"子之力也夫!"对曰:"君之训也,二三子之力也,臣何力之有焉!"范叔见,劳之如郤伯,对曰:"庚所命也,克之制也,燮何力之有焉?"栾伯见,公亦如之,对曰:"燮之诏也,士用命也,书何力之有焉?"

——《左传》

第三节　敬姜:戒奢戒怠

当前中国的家庭教育结构多半是"老人、父母包围孩子"的模式,而这一模式最大的问题就是爱心泛滥。因为爱,不肯让孩子参加家庭和社会劳动,无条件地满足孩子所有的心愿,美其名曰让孩子能够更加专心地学习。当所有的家人用爱为孩子营造了舒适安逸的生活环境时,却往往忽略了舒适安逸会引发人内心的贪欲,一旦贪欲植根于孩子的内心深处,无疑会为其生命的旅途插上一把锋利的刀,稍有不慎,这把刀就会断送孩子的前程,甚至生命。作为中国教育的先师,孔子的教育理念至今还影响着后世,对于家庭教育中的这种"爱",孔子曾告诫后人:"爱之,能勿劳乎?"并且,他认为,为人父母当以身作则,给子女做正面的表率,并用自己的经验指导子女的言行。当父母善于用言行修养影响自己的子女,就能使其懂得"劳逸"的朴素道理,成就超乎常人的品格格调。在这方面,敬姜夫人的行为深受孔子的礼赞,对今天的父母也有醍醐灌顶的作用。

行勿骄纵

《列女传》中记载,敬姜是齐侯之女,姜姓,谥曰敬,莒地(今山东莒县)人。敬姜通达知礼、德行正直,是春秋战国时期鲁国大夫公父穆伯的妻子,季康子的叔母。敬姜与穆伯育有一子文伯,不幸的是穆伯去世较早,抚育儿子文伯的重担就落在了敬姜一人身上,她教子有方,受到孔子的赞誉,被誉为春秋时期知礼循礼的慈母典范。

话说文伯在母亲的抚育下,渐渐长大,开始外出求学、结交朋友了。

有一次,文伯在外学习归来,带了一帮朋友回家看望敬姜,敬姜很是高兴。然而,不久,敬姜就看出了一些问题。只见那一帮朋友个个对文伯毕恭毕敬、言听计从,文伯走进家门时,这帮朋友顺从地跟在身后;文伯登上台阶时,这帮朋友尾随其后;文伯有事外出时,这帮朋友前呼后拥。作为朋友,他们都不敢和文伯并肩同行,处处显得小心翼翼、阿谀奉承。而文伯呢,看着这帮朋友如此恭维自己,更是洋洋得意,自以为非常了不起。

作为母亲的敬姜,看在眼里,急在心里。等这帮朋友都散去之后,她把文伯叫到眼前,数落道:"你的行为简直太傲慢了,一点都不懂得礼数。过去,周武王上朝回来,需要更换鞋袜,环视左右,看见没人前来帮忙,尚且能够自己动手脱掉鞋袜,所以,他才能够成就大业。齐桓公的身边有座上之友三人、直言进谏的朋友五人、每天指出他不足的朋友三十人,正是有了这些朋友,才使得他为齐国的发展做出了重大的贡献。周公呢,为了能够广揽天下贤良的人才,有时吃一顿饭也要停下来三次去会见臣子,洗一次澡也会三次提着头发出来接待进谏者。在他身边,出身穷乡陋巷但能开诚布公与他交往的达七十多人,所以,周朝才能延续百年而兴盛不衰。这三位圣贤之人尚且能做到尊重别人、礼贤下士,你小小年纪,地位又如此低下,却让你的朋友如此礼待你,而你却以此为傲。如果长期这样下去的话,你能有什么作为呢!"

文伯听了母亲的训诫,意识到自己行为失当,赶紧向母亲认错,并向朋友们表达了歉意。后来,文伯继续外出求学,他牢记母亲的教诲,跟随学习的都是非常严厉的老师,结识深交的都是贤良的朋友。在老师和朋友们的帮助下,文伯受益匪浅。凡是游历学习的地方,不管是白发苍苍的老者,还是牙齿未长齐的小孩儿,文伯都会以礼相待。渐渐地,文伯的学问精进,品德良好,受到了大家的尊敬。母亲敬姜得知儿子的进步,也非常高兴,她说:"我儿子能够知错就改,将来一定能成为有作为的人。"

当然,从史籍记载中我们知道,敬姜作为寡母,自己恪守礼法,以身作则地教育儿子要知礼守礼,学会礼贤下士,交友谦逊。但身处一个礼崩乐坏的时代,文伯并未达到母亲理想中知礼守礼的标准,免不了沾染一些贵族狂妄无礼而不自知的气息,而身为人母,敬姜依旧期望儿子能"旷而多礼",因为这是为人处世、理家治国的根本。

人勿奢怠

春秋后期的鲁国,政权掌握在季氏的手中,他的叔父文伯自然成为很受宠信的大夫。而文伯呢,认为侄子当国理政,而自己也位高权重,很是体面,慢慢地滋长了骄奢之心。但他的母亲敬姜则不同,尽管儿子高官厚禄,自己可以坐享荣华,但是,她依旧一生勤俭,像普通百姓家的妇女一样,经常坐在纺车前纺纱织布。对此,文伯有些心生不满。

一天,文伯退朝回来,给母亲问安,看见母亲正在纺线。他想了想,对母亲说:"母亲,我们现在是鲁国的大户,儿子已经在朝为官,您还纺什么线呢?难道我还供养不起您吗?再说了,如果这事儿传出去,别人会说我这个儿子不孝,没有好好奉养母亲,侄儿季康子知道了,恐怕也会不高兴的。"

敬姜听了,深深地叹了一口气,接着又纺起线来。她一边纺线一边说:"鲁国恐怕真的要灭亡了!让你们这些不懂得理家治国道理的人做官,国君怎能把国家的命运交给你们呢?"

敬姜让儿子坐下,耐心地对他说:"从前,先王安置民众的居所,总会选择贫瘠的土地来定居,为的是让他的民众养成勤劳的美德,激发他们的才能,因此,君王能够长久地统治天下。民众只有参与劳作,才会产生改善生活的好办法,而一旦生活安逸就会贪图享乐,迷失人的善良本性;一旦忘记了人的善良本性,邪恶的心性就会产生。所以,生活在肥沃土地上的百姓多不成才,就是因为贪图享乐,而生活在贫瘠土地上的百姓没有不讲仁义的,就是因为勤劳。因此,天子会穿上五彩礼服,在春分之日祭祀日神,与三公九卿熟悉土地上五谷生长的情况,考察下属百官的政事,安排使百姓安居乐业的政务。秋分时节祭祀月神,天子和太史、司载详细记录天象,在太阳下山时督促宫廷女官,命令她们将祭祀、郊祭的供品和器皿准备好,然后才休息。诸侯们清早遵循天子的训导,白天完成他们日常政务,晚上检查有关典章法规,夜晚不过度享乐,然后休息。贵族青年清早接受早课,白天讲习所学知识,傍晚进行复习总结,夜晚还要反省自己有无过错、有无不满意的地方,然后才能休息。至于普通百姓,日出而作,日落而息,没有一天懈怠的。

"王后亲自纺织王冠两旁悬挂着的黑色丝带;公侯夫人自制系冠冕的带子和冠顶的布;公卿的妻子自制束腰带;大夫的妻子要自己制作祭服;士人的妻子要自己制作朝服;普通百姓的妻子都要给自己的丈夫做衣服穿。

"春分祭祀土地安排农事工作,冬天祭祀供奉五谷牲畜,男男女女都要展示自己的劳动成果,如有过失则要避开参加祭祀,这是上古传下来的制度。君王劳心,百姓出力,这是先王的遗训。自上而下,谁敢放松偷懒呢?

"如今,我在守寡,你在做官,从早到晚处理事务,唯恐忘记先人的功业,倘若懈怠懒惰,将来怎能逃脱刑罚呢?我希望你早晚能提醒我:'一定不要忘记先人的传统',你倒好,现在却说:'为什么不能让自己过得安逸些呢?'怀着这种想法去担任国君的官职,我担心穆伯要绝后了。"

文伯听了母亲的一番话,理解了"劳逸"之辨中蕴含的朴素而深刻的人生哲理,明白了只有不辞辛苦,为国效劳,方能成就个人品格、成就国家大业。文伯也正是听了母亲的谆谆教诲,后来才成为春秋时期鲁国著名的政治家。生活在同时代的孔子听说了敬姜的这件事后,对自己的学生说:"请记住这番话,季氏的女人可是不放纵自己的!"

第三部分　品德篇

其实,对于"劳逸"这个问题,敬姜也曾对季康子讲过。敬姜是季康子的叔祖母,季康子虚心请教过她。敬姜很谦逊地说:"我老了,哪有什么可以教季康子的?我从已故的婆婆那里听说过,君子能勤劳做事,他的子孙就会兴旺发达。"这是把勤劳看作是一个家族兴旺发达的根本。

自古以来,中华民族就是一个勤劳俭朴、律己甚严的民族,中国上下五千年的历史都渗透着克勤克俭的气息。敬姜作为上层贵族妇女,能以身作则,提倡戒骄、戒奢、勤劳,这是非常难能可贵的,《国语》中就收录了她教导儿子文伯的文章。这篇教子言论,围绕"劳"字,反复强调"劳则善心生,逸则恶心生",这是从修身、齐家的角度来提醒儿子要谨记勤俭节约,不要贪图安逸,否则会毁己毁家。更重要的是,敬姜之所以被视为春秋时代知礼守礼的典范,是因为在教子的过程中,她列数了天子、诸侯、卿大夫、士人、普通百姓的妻子的职责,意在说明各级各类人等都应当忠于职守。敬姜强调"勤勉不怠国则兴,逸乐怠慢国则败",这无疑是将教子修身、齐家上升到治国的层面,告诉儿子只有举国上下团结一心,劳心劳力,才能政通人和、国泰民安。

在当下这个消费至上的生活环境中,敬姜遗风的发扬无疑具有振聋发聩的价值意义。对于普通家庭来讲,有钱消费,无钱兴叹,何来内心与家庭的和谐可言?我们姑且不谈由俭入奢易、由奢入俭难,在俭朴勤劳中追求适度舒适的生活,至少可以减少很多内心的忧愤和家庭的矛盾。对于富裕家庭来讲,无论是为官,还是经商,劳动的本色不能改变。人一旦好逸恶劳、贪图享乐,美好的品行便会被遗忘,劳动人民的本色也容易被忽视。李商隐在《咏史》中说:"历览前贤国与家,成由勤俭破由奢",欧阳修在《新五代史·伶官传序》中说:"忧劳可以兴国,逸豫可以亡身。"这些话语提醒今天的我们:富贵不能忘本、富贵不求安逸。春秋时期的敬姜作为一介妇人,就能对这些道理认识、剖析得十分到位,今天的父母也应该能够深刻理解"劳逸"这一关乎人性、关乎时代、关乎国家的命题。如果今天的父母都能像敬姜一样严格要求自己的子女,不高傲自大,不贪图享乐,而是谦虚谨慎、勤勉努力,那么,我们的生活便会拥有更多的温情、更多的和谐,我们的国家也会少一些蛀虫,多一些顶梁柱。

附:相关历史史料节选

穆伯娶于莒,曰戴己,生文伯。其娣声己生惠叔。戴己卒,又聘于莒,莒人以声己辞,则为襄仲聘焉。

——《左传·文公七年》

季康子问于公父文伯之母曰:"主亦有以语肥也。"对曰:"吾能老而已,何以语子。"康子曰:"虽然,肥愿有闻于主。"对曰:"吾闻之先姑曰:'君子能劳,后世有继。'"子夏闻之曰:"善哉! 商闻之曰:'古之嫁者,不及舅、姑,谓之不幸。'夫妇,学于舅、姑者也。"公父文伯饮南宫敬叔酒,以露睹父为客。羞鳖焉,小。睹父怒,相延食鳖,辞曰:"将使鳖长而后食之。"遂出。文伯之母闻之,怒曰:"吾闻之先子曰:'祭养尸,飨养上宾。'鳖于何有? 而使夫人怒也!"遂逐之。五日,鲁大夫辞而复之。

——《国语·鲁语》

穆伯之丧,敬姜昼哭;文伯之丧,昼夜哭。孔子曰:"知礼矣。"

——《礼记·檀弓》

公父文伯之母如季氏,康子在其朝,与之言,弗应,从之及寝门,弗应而入。

康子辞于朝而入见,曰:"肥也不得闻命,无乃罪乎?"曰:"子弗闻乎?天子及诸侯合民事于外朝,合神事于内朝;自卿以下,合官职于外朝,合家事于内朝;寝门之内,妇人治其业焉。上下同之。夫外朝,子将业君之官职焉;内朝,子将庀季氏之政焉,皆非吾所敢言也。"

——《国语·鲁语》

鲁季敬姜者,莒女也,号戴己。鲁大夫公父穆伯之妻,文伯之母,季康子之从祖叔母也。

博达知礼。穆伯先死,敬姜守养。文伯出学,而还归,敬姜侧目而盼之。见其友上堂,从后阶降,而却行,奉剑而正履,若事父兄。文伯自以为成人矣。敬姜召而数之曰:"昔者武王罢朝,而结丝袜绝,左右顾无可使结之者,俯而自申之,故能成王道。桓公坐友三人,谏臣五人,日举过者三十人,故能成伯业。周公一食而三吐哺,一沐而三握发,所执贽而见于穷闾隘巷者七十余人,故能存周室。彼二圣一贤者,皆霸王之君也,而下人如此。其所与游者,皆过已者也。是以日益而不自知也。今以子年之少而位之卑,所与游者,皆为服役。子之不益,亦以明矣。"文伯乃谢罪。于是乃择严师贤友而事之。所与游处者皆黄耄倪齿也,文伯引衽攘卷而亲馈之。敬姜曰:"子成人矣。"君子谓敬姜备于教化。诗云:"济济多士,文王以宁。"此之谓也。

——《列女传·鲁季敬姜》

第四节　胡质：清廉公正

著名教育学家苏霍姆林斯基说过：一个人的童年是怎样度过的，童年时代由谁带路，周围世界中哪些东西进入了他的头脑和心灵，这些都决定着他将来成为一个什么样的人。意思是说：父母的品行直接影响到子女未来的性格形成，进而决定其一生的命运。为人父母者如何给子女做个表率？如何引领其品德心性呢？当今父母有一种错误的观念，认为自己今天的奋斗是为子女的今天和明天搭建一个良好的物质生活平台，于是，无论手段正当与否，都会用来为自己和子女营造一种追名逐利、贪图享受的生活环境，最终，使自己和子女在骄奢淫逸中迷失了人生的方向。三国时期的胡质并不如此，他深知修己行道、安人济时的重要意义，一生修身明德，教导子孙，祖孙几代都成为世人传扬的清廉公正的好官。胡质良好的家庭教育范例值得今天的父母反思学习。

家 世 渊 源

胡质（？—250年），字文德，寿春（今安徽寿县）人。年轻时，胡质与蒋济、朱绩齐名，在江淮一带很有影响。

据载，蒋济担任别驾时，有一次曹操问蒋济："胡通达（胡质的父亲，本名胡敏）在江淮地区是个有威望的人，他的子孙如何呢？"蒋济说："胡通达有个儿子叫胡质，此人处理大事不如他的父亲，但处理小事细致入微，甚至超过了他的父亲。"曹操就任命胡质担任县令。胡质一上任就查清了几件重要的案子，深得人心。后来，胡质入朝担任丞相东曹令史，扬州请他担任治中。当时，张辽特别希望胡质能担任他的护军，但是，胡质因为张辽与武周之间有矛盾而称病推辞不干。张辽就问胡质："我有心用你，你怎能辜负我的器重呢？"胡质回答说："古人相交，看他索取很多，但仍然相信他不贪婪；看他临阵脱逃，仍然相信他不胆怯；听人流言蜚语，仍然对他深信不疑。这样的交情才能长久。武周是个雅洁之士，之前您对他赞不绝口，现在您却因为一点小事而和他产生嫌隙，我胡质才疏学浅，怎么能始终得到您的信任呢？"胡质公正坦荡的言语使张辽深受感动，于是和武周重归于好。

之后，曹操任命胡质为丞相属，又调任为吏部郎，历任常山太守、东莞太守。为官一任，胡质性情沉稳、心思缜密、秉公断案、廉洁自守，每次因军功得到朝廷的赏赐，他从不拿回家里，都会分发给部下，因此，所辖之地百姓安居乐业、将士恭敬从命，一时间胡质的美名传遍各地。后来，胡质又调任荆州刺史，加封振威将军的封号，赐爵关内侯。正始二年（241年），胡质因在樊城击退吴将朱然获得升职，担任征东大将军，管理青州和徐州的军事。任职期间，他大力开垦农田，积蓄粮食；修建了许多渠道，便于船只通行……多项措施的实施实现了对敌人的有效防御，使其管辖范围内没有发生任何战争。

嘉平二年（250年），胡质去世，家无余财，只有皇帝赐给他的物品和书橱。胡质去世后，百姓间传颂着他廉洁自律、克己奉公的事迹，朝廷也追封他为"阳陵亭侯"，食邑百户，谥号"贞侯"。几年后，朝廷再次下诏奖励胡质清廉节俭、公正为民的行为，并赐给胡家钱财和粮食。

胡质的长子胡威（？－280年），字伯武（又作伯虎），一名貔，早年就自勉向上。最初，胡威被任命为侍御史，后来任封南乡侯、安丰太守，又升职为徐州刺史。胡威深受父亲的影响，廉洁慎重，每到一处，总是把百姓的事情放在第一位，看到穷苦百姓，会把自己的俸禄分给他们。他把自己的管辖地治理得井然有序，百姓对胡威都十分感激。据载，晋武帝司马炎有一次召见胡威，感慨胡质的清廉，问胡威："你和你的父亲相比，谁更加清廉呢？"胡威回答说："我不如我的父亲。我父亲不希望别人知道他的清廉，我则怕别人不知道我的清廉，因此，我不如我的父亲。"其实，胡威的回答坦率而又谦虚，他性本清廉又如此严格要求自己，使司马炎对他大加赞赏，更加赏识他了。胡威后来又接连升迁右将军、豫州刺史，还入朝担任尚书，加奉车都尉，因功被封为平春侯。太康元年（280年）十月，胡威逝世，朝廷追赠使持节、都督青州诸军事、镇东将军，其余官职如旧，谥号烈。

胡质的次子胡罴，字季象，也非常有才干，曾当过益州刺史、安东将军。胡质的孙子胡奕也官至平东将军。朝野对胡家祖孙几代的品行、功勋都赞不绝口。

父 行 子 效

孔子曰："苟正其身矣，于从政乎何有？不能正其身，如正人何？"意思是，如果端正了自身的行为，管理政事还有什么困难呢？如果不能端正自身的行为，怎能使别人端正呢？简单讲，就是人生在世，必须先正己才能正人。对胡质来说，自父亲胡敏那里传承下来的清廉勤俭的家风在他这里得以延续，同时，作为出仕为官的儒士，他深刻地理解清廉公正对于百姓、社会和国家的重要意义。所以,他时时处处以身作则,做到身正为范、政事有成。同时,胡质也经常给孩子们讲胡家的家传祖训,教导孩子们学会清廉俭朴,并以自己的行为去影响孩子们成长。这样,夫教子、子效父,世代清廉,传为美谈。

据载,胡质担任荆州刺史时,他是独自赴任的,行装轻便,未带任何家眷和随从。由于长时间没有回家,家人十分惦记,就让长子胡威去看望他。因为父亲几乎没有余钱补贴家用,家里也没什么积蓄,所以,胡威带着简单的行装,骑着毛驴离开京城前往荆州。一路上,胡威自己割草喂驴、生火做饭,慢慢走到了荆州。到了荆州后,胡威到衙门先拜见了父亲,然后住到了驿站里。胡质看见儿子小小年纪,孤身一人风餐露宿到荆州来看望自己,十分高兴,就留他在荆州住了十来天。刚开始的几天,胡质给胡威吃的饭菜里都有肉和鸡蛋,可没过几天,餐桌上就只剩下青菜豆腐了。胡威知道父亲为官清廉,并且体恤百姓,每个月除了俸禄,再没有别的收入。而且,即使这样,父亲还会用仅有的俸禄去接济生活困难的百姓和亲友。因为理解父亲,胡威吃着青菜豆腐也很开心。胡质看到儿子如此懂事,心里十分欣慰,但也因为没有太好的条件招待儿子感到愧疚。

十几天后,胡威看到父亲一切安好,就向父亲辞行,回家给母亲报平安了。胡质见儿子要离开荆州回家,自己也没有什么可给儿子的,就拿了一匹绢布给胡威当作盘缠。胡威没多想,就收下绢布上路了。可是走着走着,他突然想到:"父亲一向廉洁奉公、生活节俭,平日从不收受贿赂,这样的绢布要花多少钱才能买下啊?父亲哪儿来这么多钱呢?"胡威越想越不对劲儿,干脆骑着毛驴掉头又回到父亲那里。胡威直接问父亲说:"父亲,您怎么会有这样的绢布呢?"胡质一听，知道儿子懂事了，担心自己收受了不义之财，于是，笑着回答道："这是朝廷给我的俸禄，我省下来的，并不是什么不义之财，你放心地带走吧。"听父亲亲口这么说，胡威才收起绢布，起身回家了。

回去的路上，胡威仍然自己喂驴、做饭，不乱花一文钱。后来，胡威碰到了一个人，说自己要回乡省亲，正好可以和胡威同路做伴儿。一路上，此人对胡威十分照顾，安排住宿、端茶送饭，胡威对此十分疑惑，心想，此人与自己素不相识，怎么会如此大方地对待自己呢？而且，胡威注意到这个人带了很多行装。于是，胡威就问他在哪里做事，家住在什么地方。刚开始，对方避而不答，后来在胡威的追问下，他才说自己是胡威父亲帐下的督军，捎带了些丝绢布匹、金银首饰、药材土产等回家。胡威听了，心里十分明白：这么一个小官，哪能有这么多财产？自己父亲的官比他大多了，俸禄也多多了，可父亲从未节省出这么多的财产来，说不定，这是他搜刮来的民财，借此机会送回家去的。而且，他应当知道自己的身份，才一路上无微不至地照顾自己，无非是想奉承自己的父亲。胡威不动声色，把父亲带的那匹绢布给了督军，以此答谢他一路上的照顾，并就此分别，不再同行。那个督军开始不接受这匹绢布，胡威告诉他："我父亲两袖清风，不随便收受别人的礼物，我是他的儿子，更不能倚仗他的权力随便获取利益，否则，不是有损父亲的名声吗？"这个督军听了，只好拿着那匹绢布离开了。

胡威回到家后，立即写信把路上所遇之事详细地告诉了父亲，并提醒父亲要严格管束部下，别上了那些专拍马屁之人的当。胡质收到儿子的信后，立即派人去查，果然，那个督军是个贪官，凭借职权搜刮了不少民财。胡质严肃处理了那个贪官。后来，这件事情传

第三部分　品德篇

遍了荆州,大家都称赞胡质清廉公正,并且教子有方,儿子日后一定会有出息。

清廉传世

在中国封建社会,为官清廉者不乏其人,他们心系社稷、严于律己、公私分明,成为世人的美谈。当我们追溯这些人的家世渊源,会发现多半有家庭"上行下效"的影响,真正印证了苏霍姆林斯基所说的,周围世界的引领影响并决定着人的一生。人们常说"有其父必有其子",胡威正是有胡质这样的父亲的言传身教,才成就了自己正直廉洁的一生。其实,在古代,"非此母不生此子"(范逵)的范例也大有人在。东晋时期陶侃就是因为有湛氏这样诚恳敦厚、严格自律的母亲,才成就了他的高风亮节。

陶侃(259年—334年),字士行(一作士衡),庐江寻阳(今湖北黄梅西南)人,东晋时期名将。陶侃出身贫寒,最初担任县吏,后来出任郡守,官至侍中、太尉、荆江二州刺史、都督八州军事等。陶侃为稳定东晋政权立下过赫赫战功;他勤于吏职、清廉自守,治理的荆州有"路不拾遗"之称。咸和九年(334年),陶侃病逝,获赠大司马,谥号桓,以太牢礼祭祀。

陶侃早年丧父,从小和母亲相依为命、艰苦度日。母亲湛氏日夜纺纱织布供陶侃读书。陶母对陶侃要求非常严格,经常教育他要广交才德比自己好的朋友,而不许结交那些纨绔子弟、酒肉朋友。有一次,陶侃的好友、鄱阳的孝廉范逵慕名来拜访陶侃。时值严冬大雪,陶母留范逵住一晚,第二天再启程回家。当时,陶家生活非常困难,吃了上顿没有下顿,留宿范逵却没有酒食待客。但是,陶母想尽一切办法来款待范逵。家里没有喂马的草,她搬出自己炕上铺的谷草,亲手铡碎喂饱范逵的马;家里没有可口的饭菜,她就偷偷剪掉一头秀发卖给邻居做假发,换得米和酒菜来招待范逵。后来,范逵得知这一切后,十分感动,逢人便说:"难怪陶侃才德过人,非此母不生此子!"后来,由于范逵的赞扬与推荐,陶侃才得以晋升,受到重用。

陶侃年轻时曾在寻阳当县吏,母亲教导他为官要清廉,不能贪图不义之财。陶侃任寻阳县吏时,曾监管官家鱼塘。陶侃公务缠身,不能经常去探望照顾一人在家的母亲,总觉得没有尽到孝心。一天,陶侃想到官家鱼塘养了那么多的鱼,何不拿几条给母亲送去略表孝心。于是,未加深思,陶侃就派人给母亲送了一罐腌鱼。收到腌鱼后,陶母问来人腌鱼从哪里来的,是不是陶侃花钱买的。来人回答:"官家鱼塘里多得很,县老爷给您送点,还需要花钱吗?"陶母听了,非常生气,就原样把鱼罐封好,并亲笔写了一封信,托来人一并带给了陶侃。信中,陶母责备陶侃说:"身为做官之人,凭借手中权力,私自将官家的东西送给我,是真正的孝顺吗?这是在给我心里增加不安和忧虑,这是不孝!"陶侃看了母亲的信和退回的腌鱼,内心十分自责,同时也更加敬佩母亲,从此再也不做这种牟取私利的事情了。这就是历史上有名的"陶母封鲊"的故事。此后,陶侃遵从母训,不饮酒、不赌博,勤勉、清廉,成为后世为人称道的名臣。唐代官吏舒元舆曾路过陶母墓,便想到历来母亲教育子女是恩慈多而威严不足,而陶母教子却恩威并用,方得善果。

《大学》有言:"身修而后家齐,家齐而后国治,国治而后天下平。"儒家以"礼义廉耻"教导后人,其中,"养廉"是要培养人端正的品行,使其为人正直、廉洁无私,不贪图享受、不贪得无厌。唯此,才能坚守儒家的廉政教化。为人父母者,肩负子女的启蒙引导工作,以及成人成才的培养工作。只有将子女的智慧与才华融入具有远见卓识的训导中,方能让子女在未来的生活中焕发奇光异彩。

附:相关历史史料节选

徐邈清尚弘通,胡质素业贞粹,王昶开济识度,王基学行坚白,皆掌统方任,垂称著绩。可谓国之良臣,时之彦士矣。

——《三国志》

父质,以忠清著称。

——《晋书》

质之为荆州也,威自京都定省,家贫,无车马僮仆,自驱驴单行。每至客舍,躬放驴,取樵炊爨,食毕,复随侣进道。既至,见父,停厩中十余日。

——《晋书》

(宓)著《述理论》,论中和仁义、儒学道化之事,凡十篇。安东将军胡罴与皇甫士安深善之。又与士安论夷、齐,及司马文中、杜超宗、郄令先、文广休等议论往返,言经训诂,众人服其理趣。释河内赵子声诔、诗、赋之属二十馀篇。寿良、李骧与陈承祚相长短,宓公议其得失而切责之。常言:"吾独立于世,顾景为畴,而不惧者,心无彼此于人故也。"

——《华阳国志》卷十一

陶侃,字士行,本鄱阳人也。吴平,徙家庐江之寻阳。父丹,吴扬武将军。侃早孤贫,为县吏。鄱阳孝廉范逵尝过侃,时仓卒无以待宾,其母乃截发得双髲,以易酒肴,乐饮极欢,虽仆从亦过所望。及逵去,侃追送百余里。逵曰:"卿欲仕郡乎?"侃曰:"欲之,困于无津耳。"逵过庐江太守张夔,称美之。夔召为督邮,领枞阳令。有能名,迁主簿。会州部从事之郡,欲有所按,侃闭门部勒诸吏,谓从事曰:"若鄙郡有违,自当明宪直绳,不宜相逼。若不以礼,吾能御之。"从事即退。夔妻有疾,将迎医于数百里。时正寒雪,诸纲纪皆难之,侃独曰:"资于事父以事君。小君,犹母也,安有父母之疾而不尽心乎!"乃请行。众咸服其义。长沙太守万嗣过庐江,见侃,虚心敬悦,曰:"君终当有大名。"命其子与之结友而去。

——《晋书》

陶公性检厉,勤于事。陶公少有大志。陶性俭吝。

——《世说新语》

第五节　郑板桥:忠厚博爱

古往今来,没有哪个父母不"望子成龙""望女成凤"的。于是,在现代的家庭教育中,许多父母单纯把分数作为子女奋斗的目标,不断地告诉孩子:"学习好,才能上个好大学,找个好工作","学习好,就能走出农村,到大城市去工作生活","长大了找个收入高、能赚钱的工作是最重要的"……除此之外,好像其他方面的教育都显得无关紧要。殊不知,在中国历史上,但凡有识之士,在子女的家庭教育方面无不首先重视其道德教育,因为,德是为人之根本、立身之根基,一个理想远大、志趣高洁、处事端正、勤奋好学、吃苦耐劳的人,才能真正成人成才。"重智轻德"的教育价值观久而久之会使子女步入精神空虚、目光短浅、自私狭隘的境地,最终会走向父母期望的反面。清代的郑板桥在子女教育导向方面显得尤为清醒,他说:"读书中举、中进士做官,此是小事,第一要明理做个好人。"这一教育观点值得今天的家长借鉴。

扬 州 一 怪

郑板桥(1693年—1765年),原名郑燮,字克柔,号理庵,又号板桥,人称板桥先生,江苏兴化人。

康熙三十二年(1693年),郑板桥出生于一个家道中落的书香门第。曾祖郑万新是个庠生,祖父郑湜是个儒官,父亲郑之本(字立庵)是个廪生,在家做教书先生。三岁时,郑板桥的生母汪夫人去世,他就跟着父亲到真州的毛家桥读书。十四岁时,郑板桥的继母又去世了。乳母费氏善良、淳朴,是郑板桥祖母的侍婢,因感念主人的恩德,不顾自己的丈夫与孩子,在郑家给予郑板桥细心的照料和关怀。据说,费氏每天清晨,背着瘦弱的郑板桥到集市上做小贩,宁可自己饿肚子,也要先给孩子买个烧饼充饥。在这样的清苦环境中,费氏无疑成为郑板桥生活和感情的支柱。所以,郑板桥特别能理解贫苦之人的艰辛,从来不以贫富贵贱论人。十六岁的时候,郑板桥开始跟着陆种园先生学习。乳母、父亲和师傅的言传身教影响了郑板桥的人生观和价值观。

郑板桥的科举之路走得较为艰辛:康熙时期的秀才、雍正时期的举人、乾隆时期的进士,五十岁起,才历任山东范县、潍县的知县,做了十来年的七品芝麻官。虽说郑板桥为官十来年,但其一生却并非以官名世、为官受益。郑板桥出生于知识阶层,却生活在一个"山雨欲来风满楼"的时代,他深知官场的腐败,了解百姓的苦乐,自己生活得又比较清苦,于是形成了蔑视权贵、行为狂放的性格特点。

  在出任知县之前,郑板桥一度在真州江村设立私塾教书。1723年,父亲去世,他有二女一子需要抚养,生活更加困苦。于是,郑板桥舍弃私塾教职,到扬州以卖画为生,这样一干就是十年。其间,第一个妻子徐氏为其所生之子早逝,后来,徐氏也病逝了。四十岁时,郑板桥考中举人,之后又赐进士出身,并未顺利做官,直到五十岁才被任命为范县知县。为官十来年,郑板桥勤政廉政、改革弊政、体恤百姓,深得民间拥戴,但也得罪了上司,后来愤而辞官,再次到扬州以卖画为生。

  对郑板桥而言,他不怕丢官、不怕贫贱,自立自强地生活着。郑板桥的诗、书、画世称"三绝",尤其以画闻名于世。他一生只画兰、竹、石,因为兰四时不谢,幽香四溢;竹百节长青,正直清高;石万古不败,骨气硬冷。郑板桥自称"四时不谢之兰,百节长青之竹,万古不败之石,千秋不变之人",意思是说,几笔兰、几竿竹、一块石,构图简单、构思巧妙,在浓淡相宜中可以体现他倔强不驯的性格特点,在画中抒发了他内心的愤懑之情。这种与众不同的风格,也正是郑板桥被誉为"扬州八怪"的原因之一。

  郑板桥的"怪"中还蕴含着率真、幽默与酸辣。郑板桥在扬州卖画,不像历来的文人画家那样"犹抱琵琶半遮面",他明码标价,制定了《板桥润格》:"大幅六两,中幅四两,小幅二两,书条、对联一两,扇子斗方五钱。"并且附诗说:"画竹多于买竹钱,纸高六尺价三千。任渠话旧论交接,只当秋风过耳边。"这就将俗不可耐的买卖事宜讲得格外可爱。可是,遇到附庸风雅、脑满肥肠的奸商富人求字画,纵使对方肯出高价,郑板桥却不予理会。然而,看到贪官奸民被游街示众时,他便画一幅梅兰竹石,挂在犯人身上作为围屏,以此吸引民众,警示醒民。此外,在绘画时,郑板桥高兴时立马动笔,不高兴时还要骂人,这种怪异的行为,自然难以为世人理解。对此,他坦率地在给朋友的画中题字自述:"终日作字作画,不得休息,便要骂人。三日不动笔,又想一幅纸来,以舒其沉闷之气,此亦吾曹之贱相也。索我画,偏不画,不索我画,偏要画,极是不可解处。然解人于此,但笑而听之。"其中真意恐怕只有了解郑板桥的人才能够理解。

宅心仁厚

在常人看来,郑板桥或许是个怪异之人,但是,试想一下,在当时的社会环境中,一个经历了家道中落、困窘落魄、幼子早亡、发妻亡故的人,要克服命运的惨痛、活出自己的风骨该有多么的艰难。但是,郑板桥"痛并快乐着",在接受别人温暖、支持的同时,也温暖、激励着世间之人。

前面提到,郑板桥家境贫寒,早年又失去母亲,在乳母的关爱下成长,所以他心地淳厚,能够理解贫苦人家的艰辛,从来不以富贵贫贱论人。

当郑板桥还是个秀才的时候,偶尔翻检家中的旧书箱,见到家中佣人所签的卖身契据等,他自己不会仔细去看契据的内容,更不会还给佣人,而是马上拿去烧掉,担心佣人知道了会感到难堪。当郑板桥自己当家后,需要雇佣佣人的时候,他也从来不要求对方和自己签订契约,而是让佣人自己选择:如果觉得条件满意,就留下;条件不满意,就自由离去。他不想让自己的子孙将来以契据来苛责甚至欺压家中的佣人。

后来,郑板桥到山东范县、潍县等地做官,经常写信给家中管事的堂弟郑墨,把自己当年悄悄烧掉佣人前辈所签的契据、从不要求佣人立契的事情讲给堂弟听,告诫堂弟要尽心务农,男耕女织,"靠田园长子孙气象",同时,要体恤贫苦之人,与人为善。信中说:"以人为可爱,而我亦可爱矣;以人为可恶,而我亦可恶矣。东坡一生,觉得世人没有不好之人。这最是东坡好处。愚兄平生谩骂无礼,然人有一才一技之长、一行一言之美,未尝不啧啧称道。"郑板桥用苏东坡和自己的例子,告诫郑墨要宽以待人,不要时时事事苛责别人的短处,而要事事处处多看别人的长处。

郑板桥每每遇到贫寒之人,总是伸出援助之手,竭力予以贴心的帮助。在潍县任内,郑板桥有一次夜里外出,听见一所茅草屋中传出读书声,一番打听,知道读书人叫韩梦周,是穷人家子弟,郑板桥就供给他一些生活费用,支持他读书进取。后来,韩梦周考中了进士,终身感念郑板桥的知遇之恩。对潍县的贫苦百姓,郑板桥也怀有同情之心,他经常用自己的俸禄接济贫苦百姓,甚至替百姓交租。后来,郑板桥离任潍县的时候,将百姓签的借据全部烧掉了。潍县百姓对郑板桥感恩戴德,家家都画郑板桥的像用来供祀,还自发在潍城海岛寺给他修建了生祠。

郑板桥不仅自己仁厚待人,还经常写信嘱咐堂弟,每次寄到家的官俸要挨家挨户散给邻居族人,他说:"南门六家,竹横港十八家,下佃一家,派虽远,亦是一脉,皆当有所分惠。麒麟小叔祖亦安在?无父无母孤儿,村中人最能欺负,宜访求而慰问之。自曾祖父至我兄弟四代亲戚,有久而不相识者,各赠二金。……徐宗于、陆白义辈,是旧时同学,日夕相征逐者也。今皆落落未遇,亦当分俸以敦夙好。"郑板桥为官十来年所得的俸钱几乎都用于救济亲朋好友、邻里乡党了。

　　五十二岁时,郑板桥才又得一子小宝,他十分钟爱这个孩子。通过堂弟的书信,郑板桥得知小宝贪玩淘气而心生忧虑,便写信要求堂弟在家好好教育小宝,让他懂得为善之道,养成忠厚仁义的性格,不能因为小宝是侄子就纵容滋长他刻薄急躁的坏习气。郑板桥在信中交代,对待家中佣人的儿女,要一视同仁,千万不要让小宝欺负佣人的儿女。有好吃的东西,应当分给所有的孩子,不能让小宝一个人独享美食。小宝六岁进私塾读书时,郑板桥又写信交代堂弟,在家中请老师教授小宝时,可以让一些寒门子弟一起来读书,如果有同学家境贫寒,要多多接济他们,并且在接济的时候也要讲究方式,比如,找机会把笔墨纸砚分给他们、阴雨天留他们在家中吃饭、傍晚时送双旧鞋子让他们穿着回家,等等。郑板桥希望长辈的潜移默化能够熏染小宝忠厚宽容的品德。为了更好地教育自己的儿子,郑板桥还特意抄了唐代诗人聂夷中的《咏田家》、李绅的《悯农》、张俞的《蚕妇》等四首反映民生疾苦的诗歌寄回家中,让小宝背诵,希望儿子从中受益。

平 等 博 爱

　　一个人品性的形成往往取决于价值观基础。对郑板桥而言,他的仁厚之心来源于人生经历中滋长的平等意识、博爱思想;他的骨性傲气来源于自立自强中迸发的生命活力、生活韧性。

　　堂弟郑墨深知兄长郑板桥的爱子之心,信中常描述小宝的日常生活。小宝活泼好动、天真烂漫,特别喜欢小动物,整天要求大人帮他抓鸟雀,抓来后养在笼子里,还喜欢用发丝系蜻蜓、用线绳绑螃蟹,牵在手里玩。郑板桥得知这些后,写信告诫堂弟,即便在游戏中也要培养孩子的忠厚博爱之心。郑板桥说,自己平生最不喜欢把鸟关在笼子里饲养,认为那是人类只图自己的欢娱,而剥夺了鸟儿自由的天性。并且,小孩儿用发丝系蜻蜓、用线绳绑螃蟹,往往会把这些小生灵拉扯致死,这样又怎能体现人性的高贵呢?郑板桥希望堂弟教导小宝,"万物都是天地所生",应该以"体天地之心以为心",平等地善待它们。

后来大概是担心小宝会给家人宠坏,或是在家乡请不到合适的老师教小宝,郑板桥就把小宝接到了潍县,亲自教他读书。在潍县,郑板桥不仅要求小宝每天必须背诵诗文,而且经常给小宝讲述吃饭穿衣的艰难,并让他做些力所能及的家务,如洗碗、挑水等。父亲的言传身教让小宝进步很快。当时,潍县灾荒闹得十分严重,郑板桥一向清贫,家里并未多存粮食。一天,小宝饿哭了,母亲就拿出一个玉米窝窝头塞在他手里说:"这是你爹中午省下的,拿去吃吧!"小宝高兴地拿着窝窝头到门外吃去了。这时,他看见一个光着脚的小姑娘站在旁边看着自己,就立刻将手中的窝窝头分了一半给小姑娘。郑板桥知道后,非常高兴。可惜,这个儿子未能成年便夭折了。后来,堂弟郑墨就将自己的一个儿子郑鄠田(字砚耕)过继给了郑板桥。

正是源于平等博爱的价值认知,郑板桥为官十余年,留下了爱民如子的好名声。郑板桥曾有文写道,"宦贫何畏,宦富可惴","吾既不贪,尔亦尢忐"。据说,有一年,郑氏的族亲中有人想进衙门谋职,就给郑板桥写了一封信希望获得帮助,郑板桥回绝道:"岂能为私人谋枝栖?"在郑板桥的内心深处,为官是为百姓谋福利的,而不是为一己谋私利的,所以,他虽然仅仅担任了两县知县,但他真正做到了爱民、勤政。

乾隆十一年(1746年),郑板桥在潍县任期内遇到了山东各地闹饥荒,百年未遇的灾情使境内甚至出现了人吃人的惨剧。郑板桥看着潍县百姓衣不蔽体、食不果腹,十分痛心,他决定开仓放粮。但按照清代律令,凡要动用官仓里的粮食,必须要申请朝廷的批文。对此,郑板桥说:"这都什么时候了?如果辗转申报,等待朝廷的批文,恐怕百姓都饿死得所剩无几了。如果朝廷问罪,我来承担!"他下令开仓放粮赈济灾民。同时,又下令大兴工役,修城筑池,让县里的大户人家轮流开粥厂,为的是让远近的饥民可以通过服工役有口饭吃,得以维系生命。在郑板桥看来,官不求大,但使百姓能享受福泽才是最重要的。这正如他诗中所言:"衙斋卧听萧萧竹,疑是民间疾苦声;些小吾曹州县吏,一枝一叶总关情。"为了百姓,郑板桥可以捐出俸禄;可以不坐轿子出行;可以穿着草鞋寻访……官场对他来说,只是深爱百姓、为之谋福的一个平台而已。

今天,提起郑板桥,我们会想起他"难得糊涂"的人生哲学,这其实是郑板桥经历挫折与苦难之后淡然处事的人生态度。作为一个封建时代的官老爷,他对官场利益"糊涂"、对世俗金钱"糊涂",而对百姓疾苦、世间之情却怀有清醒而真挚的爱。"仕途"之轻与"仁德"之重,在郑板桥那里表现了一个读书人真正的社会担当。并且,郑板桥爱子心切,也爱子有道、教子有方,把"明理做个好人"放在教子的首位,无疑是要告诉世人——成人比成才更为关键!

苏霍姆斯基说过："如果我们培养的人是一个没有受过教养的人，没有道理和知识的人——这就好像一架发动机已经损坏的飞机在空中飞行，它不但自己要坠毁，而且给人们带来不幸。"以此审视郑板桥的教子之道，我们自然会明白，虽然各个历史时期人们对道德追求的内涵有差别，但是，持身处世与人为善、忠厚待人，以此推动社会和谐发展的大义是不变的。所以，郑板桥正己、教子的方法在今天仍有许多值得借鉴的地方。

附：相关历史史料节选

设我至今不第，又何处叫屈来？岂得以此骄倨朋友！敦宗族，睦亲姻，念故交，大数既得；其余邻里乡党，相周相恤，汝自为之，务在金尽而止，愚兄不必琐琐矣。

——《范县署中寄舍弟墨》

夫天地生物，化育劬劳，一蚁一虫，皆本阴阳五行之气絪缊而出。

——《潍县署中与舍弟墨第二书》

家人儿女，总是天地间一般人，当一般爱惜，不可使吾儿凌虐他。凡鱼飧果饼，宜均分散给，大家欢嬉跳跃。若吾儿坐食好物，令家人子远立而望，不得一沾唇齿；其父母见而怜之，无可如何，呼之使去，岂非割心剜肉乎！

——《潍县署中与舍弟墨第二书》

天寒冰冻时暮，穷亲戚朋友到门，先泡一大碗炒米送手中，佐以酱姜一小碟，最是暖老温贫之具。

——《板桥家书》

若事事预留把柄,使入其罗网,无能逃脱,其穷愈速,其祸即来,其子孙即有不可问之事、不可测之忧。试看世间会打算的,何曾打算得别人一点,直是算尽自家耳!

——《雍正十年杭州韬光庵中寄舍弟墨》

以人为可爱,而我亦可爱矣;以人为可恶,而我亦可恶矣。东坡一生,觉得世上没有不好之人。这最是东坡好处。愚兄平生谩骂无礼,然人有一才一技之长、一行一言之美,未尝不啧啧称道。

——摘自《淮安舟中寄舍弟墨》

第四部分

志 向 篇

第一节　嵇康：立志守志

古人云："志不立，天下无可成之事。"人生在世，立志是一件很重要的事情。站在人生的起点上，你选择了什么样的目标，树立了什么样的志向，就决定了你在未来可能会成为一个什么样的人，会拥有一种什么样的命运，会对家庭和社会做出什么样的贡献。同时，守志也是一件很重要的事情。为了某个理想，忍受住困苦甚至痛苦，才不会被身体劳累压垮、被外界事物诱惑、被内心欲望牵引，轻易地丧失为理想而奋斗的斗志。所以，志存高远、坚守志向是推进人生的前提和基础，是成就自我的动力与保障，它会让一个人专心致志、努力学习；会让一个人无所畏惧、奋力前行；会让一个人持之以恒、百折不挠。一个人一旦确定为志向而生活，就等于拥有了人生前进的方向与动力，这个志向会支撑他不断进取、把握契机、有所作为。三国时期的嵇康父子便是立志守志的典范。

家 世 渊 源

嵇康（224年—263年，一作223年—262年），字叔夜，原姓奚，谯国铚县（今安徽省濉溪县）人。嵇康是三国时期的名士，"竹林七贤"的精神领袖，是有名的思想家、音乐家、文学家。

嵇康幼年丧父，由母亲和兄长抚养成人。身处"家世儒学"的环境中，嵇康自幼聪颖，博览群书，学会了各种技艺。同时，他刚肠嫉恶，"尚奇任侠"，成年后又喜欢阅读道家著作，赞美古代隐者达士的事迹，讲究养生服食之道，喜好恬静无欲的人生。所以，嵇康虽然身高七尺八寸,容貌举止出众,却不注重打扮;经常修炼养性服食内丹之事,弹琴吟诗,自我满足。后来,嵇康迎娶了曹操的曾孙女长乐亭主为妻,并育有一儿一女,由此而获拜郎中,后担任中散大夫,世称"嵇中散"。

后来,嵇康隐居山林,与阮籍等竹林名士共同提倡玄学新风,主张"越名教而任自然""审贵贱而通物情"。因为屡次拒绝出仕为官,得罪了钟会,遭到他的构陷,被司马昭以"言论放荡,非毁典谟"的罪名处死,年仅四十岁。临刑前,嵇康索琴弹奏了一曲《广陵散》,说:"《广陵散》于今绝矣!"嵇康的事迹与遭遇在《三国志》《晋书》中均有记载,对后世的风气与价值取向有着巨大的影响,此外,嵇康工诗善文,风格清俊,著有《养生论》《嵇康集》等传世,给后世的思想与文学也带来许多启发。

嵇康的儿子嵇绍(253年—304年),字延祖,是西晋时期的文学家。嵇绍十岁时,父亲嵇康被掌权的司马氏集团杀害,嵇绍也被迫退居乡里,不得出仕。虽然父亲早亡,但嵇绍受父亲志诚的影响深远,他颇有文思,"平简温敏""最有忠正之情"。后在山涛的劝解下,嵇绍被举荐为秘书丞,历任汝阴太守、豫章内史、徐州刺史,后因长子嵇眕的去世而辞去官职。

元康初年,嵇绍担任给事黄门侍郎,他不愿意与外戚贾谧等人结交。等到贾谧被杀后,嵇绍因为不愿屈从权贵,被封为弋阳子,担任散骑常侍,领国子博士。

建始元年(301年),赵王司马伦篡位,嵇绍接受他的任命,担任侍中一职。晋惠帝司马衷反正后,仍然任命嵇绍为侍中。后来因为公事嵇绍被免职,齐王司马冏又任命他为左司马。司马冏被杀后,嵇绍返回故乡。不久,嵇绍又被征召为御史中丞,再次出任侍中一职。后来,长沙王司马乂拜嵇绍为使持节、平西将军,用以安定军心。司马乂被害后,当嵇绍官复侍中原职时,又与百官被成都王司马颖废为庶人。不久,朝廷北征讨伐司马颖,恢复了嵇绍的官爵。因为当时天子流亡在外,嵇绍接奉召书后奔赴荡阴,恰逢朝廷的军队在荡阴战败,晋惠帝脸部受伤,中了三剑,百官和侍卫们纷纷溃逃,只有嵇绍庄重地端正冠带,挺身而出保卫晋惠帝。司马颖的军士把嵇绍按在马车前的直木上,晋惠帝说:"这是忠臣,不要杀他!"军士最终奉命杀害了嵇绍,鲜血溅到晋惠帝的衣服上,成就了忠臣烈士的志节,晋惠帝为他的死哀痛悲叹。战事平息后,侍从要浣洗御衣,晋惠帝说:"这是嵇侍中的血,不要洗去。"

等到张方逼迫晋惠帝迁往长安时,河间王司马颙上表请求赠嵇绍司空,进爵为弋阳公。正值晋惠帝返回洛阳,于是此事未成。光熙元年(306年),东海王司马越出屯许,路经荥阳嵇绍墓时,哭得非常悲伤,为嵇绍刊石立碑,又上表奏请晋怀帝赠嵇绍官爵。晋怀帝于是遣使赠嵇绍侍中、光禄大夫,加金章紫绶,进爵为弋阳侯,赐一顷墓田,以十户人家守护,以少牢礼仪祭祀。永嘉六年(312年),晋元帝司马睿为左丞相,秉承旨意,认为嵇绍死节之事重大,但赠礼没有表彰他的功勋,于是表赠太尉,以太牢礼仪祭祀。太兴元年(318年),司马睿即皇帝位,赐嵇绍谥号忠穆,再次以太牢礼祭祀。嵇绍由此被历代推崇为忠君的典范。

立志处世

在对儿子嵇绍的教导中,嵇康的《家诫》是这一时期的杰出代表,它是嵇康临刑前写给不满十岁的儿子嵇绍的生命绝笔。全文1600余字,字里行间再也没有昔日的桀骜不驯和放浪不羁,更多地流露出一位父亲对儿子为人处世的细心叮嘱。嵇康在这篇文章中,对儿子着重强调的是坚守志向、谨言慎行的行为准则,透露出嵇康家教的核心——"志"教。

在《家诫》中,嵇康开篇就掷地有声地提出"人无志,非人也"。他认为,"志"是一个人安身立命之本,一个人如果没有志向,就算不上真正的人。古今成大事者,都必须拥有坚定不移的志向,并且,守志是关键,人有志向而志向不专一,或者守志不坚定,虽然表面上显得光彩夺目,但终归会一事无成。所以,嵇康在批评守志不固的观念,并指出其危害后,给嵇绍分别列举了古代立志守志的典范:春秋时期的申包胥在吴国攻打楚国时,为了楚国的存亡去向秦国请求救援,当秦国不愿发兵时,他便立于秦廷长哭七天七夜,勺饮不入口,直至秦国出车五百乘援助楚国复国为止。武王伐纣时,伯夷、叔齐叩马进谏,认为父丧用兵是不孝、不仁,武王不听,他俩便不食周粟;武王灭商后,他俩采薇隐居,最后饿死在首阳山。春秋时期鲁国大夫柳下惠,为官任劳任怨,不以官小职低而卑屈,三次被罢黜,仍旧忠于鲁国。西汉大臣苏武奉命持节出使匈奴,被扣留长达十九年,曾被流放到北海(今贝加尔湖)牧羊,虽然历尽艰辛苦难,受尽威胁利诱,但他始终保持了民族气节,最后获释回朝。通过这些典型的案例,嵇康希望儿子能够树立一个立身高远、忠贞不渝的志向。

紧接着,嵇康在《家诫》中就如何守志对儿子进行了细致的引导。嵇康从两个方面告诉儿子如何将所执持的心志推广运用于人事方面。一则在志的指导下,要处理好与上级、同僚、朋友的关系,

第四部分　志向篇

要礼敬长吏,慎备自守,寡言少语,立身清远。二则凡事要先考虑清楚利弊得失,不能因为他人的情面而意气行事、感情冲动,轻易动摇自己的志向。同时,嵇康认为人的志向不仅仅存在于心,行诸于事,而且要表露于言。身处于是非旋涡之中,要注重言辞,既要机灵善察,又要敢于坚持自己的原则。此外,要谨慎交往、谨慎馈赠,饮酒行事要有正确的态度。

总之,在嵇康看来,志存于内心而溢于言表,支配着人立身、处事、待人等各个方面,所以,守志、行志都要谨慎小心、处处提防,考虑到方方面面的情况及应对的办法。所以,一篇《家诫》不仅着眼于立志的道理,而且阐发了人在处世行事时如何守志,因而具有很强的现实意义,一直受到人们的重视。

守志不移

嵇康、嵇绍父子生逢乱世,朝政更迭不休,但是,父亲出世、儿子入世,各自坚守自己的志向,活出了不同的风采,充分体现了立志、守志对一个人人生的重大影响。

前文介绍过嵇康向往出世的生活,不愿出仕为官,这可以说是嵇康个人的志向。据说嵇康曾经游于山泽采药,得意之时,恍惚间忘了回家。当时有砍柴的人遇到他,都认为他是神仙。但这并不意味着嵇康是一个毫无追求的人。他临刑前感慨"《广陵散》于今绝矣!"的《广陵散》又名《聂政刺韩傀曲》,讲的是义士聂政受人所托,一往无前刺杀韩王,最终自刎的故事,其中蕴含着"义"和"勇"的精神,而这正是嵇康所坚守志向——不屈的士人精神!这种不同寻常的志趣也是他怀才不遇的直接原因。

魏晋之际,曹魏日渐衰落,司马氏权力日益兴盛。在王朝更迭的政治风暴中,很多人的政治倾向开始发生变化。对嵇康而言,因为自己出身寒门,又与曹魏王室宗亲通婚,出于对曹魏政权之义,嵇康对司马氏采取了不合作的态度。当掌权的大将军司马昭想礼聘嵇康为幕府属官时,嵇康跑到河东郡躲避司马昭的征辟。即便是同为"竹林七贤"的山涛离开选曹郎职位而举荐嵇康代替自己时,同样遭到了嵇康的拒绝。一篇《与山巨源绝交书》表明了嵇康的态度:人的秉性各有所好,自己放任自然,性疏懒,不堪礼法约束,是不可加以勉强的,坚决拒绝出仕。这种敢于对司马氏采取不合作的态度,招致司马昭的忌恨,史载"大将军(司马昭)闻而怒焉"。

嵇康坚守的"义"与"勇"同样体现在与朋友相处上。景元四年(263年,一作景元三年),嵇康的好友吕安的妻子徐氏被吕安的兄长吕巽迷奸。吕安愤恨之下,打算状告兄长吕巽。嵇康与吕巽、吕安兄弟都有交往,所以劝吕安不要揭发家丑,以保全门第清誉。但是,吕巽这时害怕报复,于是先发制人,诬告吕安不孝,使得吕安被官府收捕。得知此事,嵇康非常愤怒,出面为吕安作证,由此触怒了司马昭。此时,曾经因拜访嵇康遭受冷遇的钟会趁机落井下石,向司马昭进言说嵇康、吕安等人"言论放荡,非毁典谟",司马昭为"淳风俗",一怒之下,下令处死了嵇康与吕安。所以,才有了前面一幕"《广陵散》于今绝矣!"的场景。据说,嵇康行刑当日,三千名太学生集体请愿赦免嵇康,也未能挽救嵇康的性命,一时间,士人无不痛惜,连司马昭日后也追悔莫及。

嵇康用自己的行动践行了对儿子嵇绍的教诲:"若临朝让官,临义让生……此忠臣烈士之节"! 成年后的嵇绍谨遵父亲的教诲,很有父亲的遗风。

嵇康遇害后,嵇绍静居家中奉养母亲。后来,山涛掌管选举事时,认为嵇绍贤似郤缺,奏请晋武帝任用贤能的嵇绍,晋武帝于是下诏征召嵇绍入朝为秘书丞。后来,嵇绍多次升迁,历任汝阴太守、豫章内史、徐州刺史等职。他为人正直道义、不畏权贵,很受人敬重。

据载,永康元年(300年),太尉陈准去世,太常奏请为其加给谥号,嵇绍反驳说:"谥号是用来流传后世、永不磨灭的,大德之人应当授予大名,微德之人就应授予微名,'文、武'这些谥号,用以显扬死者的功德,'灵、厉'这些谥号,用以标志死者的糊涂昏昧。由于近来掌礼治之官怀抱私情,谥法便不依据原则。加给陈准的谥号有些过誉了,应该加谥号为'缪'。"这件事情虽然最终没有听从嵇绍的意见,但是朝臣都十分惧怕嵇绍的正直。

永康二年(301年),赵王司马伦篡位,任命嵇绍为侍中。同年,晋惠帝重新继位,嵇绍仍然担任侍中。当时,朝中众人都建议追复已遇害的张华的官爵,嵇绍则上疏晋惠帝,认为张华不能坚持正道,不应该追复他的官爵,希望惠帝及当权者能从中吸取教训。

史料记载嵇绍正直道义、不畏权贵之事还有很多。和父亲嵇康相似,嵇绍既有其豁达洒脱、不拘小节的风范,同时又讲究道义、勇敢有为。他和父亲一样,用自己的鲜血践行了"义"与"勇"的士人风范。

北宋文豪苏轼曾说:"古之立大事者,不惟有超世之才,亦必有坚韧不拔之志。"历史上,凡在事业上有所成就的名人,无一不是秉承"志当存高远"的真理来指导人生、成就人生的。在当下的家庭教育中,父母应当意识到立志是立身的前提,在年少时期引导孩子树立远大的志向,并坚守奋进,将对其一生的发展产生重要的影响。

唯有立长志、长守志,才有可能把握成功的契机,在未来有所作为。

附:相关历史史料节选

与嵇康居二十年,未尝见其喜愠之色。

——《世说新语》

嵇叔夜之为人也,岩岩若孤松之独立;其醉也,傀俄若玉山之将崩。我当年可以为友者,唯此二生耳!

——《世说新语》

叔夜志趣非常而辄不遇,命也!

——《晋书》

家世儒学,少有俊才,旷迈不群,高亮任性,不修名誉,宽简有大量。学不师授,博洽多闻,长而好老、庄之业,恬静无欲。

——嵇喜《嵇康传》

余与嵇康、吕安居止接近,其人并有不羁之才。然嵇志远而疏,吕心旷而放,其后各以事见法。嵇博综技艺,于丝竹特妙。临当就命,顾视日影,索琴而弹之。

——向秀《思旧赋》

嵇、阮竹林之会,刘、毕芳樽之友,驰骋庄门,排登李室。……至于嵇康遗巨源之书,阮氏创先生之传,军谘散发,吏部盗樽,岂以世疾名流,兹焉自垢?临锻灶而不回,登广武而长叹,则嵇琴绝响,阮气徒存。通其旁径,必涸风俗;召以效官,居然尸素。

——《晋书》

两汉本绍继,新室如赘疣。所以嵇中散,至死薄殷周。

——李清照《咏史》

孔融死而士气灰,嵇康死而清议绝。

——王夫之《读通鉴论》

嵇、阮虽以放诞鸣高,然皆狭中不能容物。如康之箕踞不礼钟会,与山涛绝交书自言"不喜俗人,刚肠疾恶,轻肆直言,遇事辄发"。又幽愤诗曰"惟此褊心,显明臧否"。皆足见其刚直任性,不合时宜。……康卒掇杀身之祸。

——《世说新语笺疏》

嵇康的特点是"越名教而任自然",天真烂漫,率性而行;思想清楚,逻辑性强;欣赏艺术,审美感高。我认为,这几句话可以概括嵇康的风度。

——冯友兰《世说金岳霖》

二仪肇建,君臣攸序。峨峨侍中,应期作辅。外播仁风,内举心膂。执慈弗勇,靡仁不武。见危授命,背生殉主。确乎其操,邈乎其崇。矫矫王臣,宪慈遗风。在亲成孝,于敬成忠。

——《全晋文》

褒德显仁,哲王令典。故太尉、忠穆公执德高邈,在否弥宣,贞洁之风,义著千载。

——《晋书》

昔舜诛鲧而禹事舜,不敢废至公也。嵇康、王仪,死皆不以其罪,二子不仕晋室可也。嵇绍苟无荡阴之忠,殆不免于君子之讥乎!

——《资治通鉴》

夫绍之于晋,非其君也,忘其父而事其非君,当其未死,三十馀年之间,为无父之人亦已久矣,而荡阴之死,何足以赎其罪乎!且其人仕之初,岂知必有乘舆败绩之事,而可树其忠名以盖于晚上,自正始以来，而大义之不明遍于天下。如山涛者，既为邪说之魁，遂使嵇绍之贤且犯天下之不韪而不顾，夫邪正之说不容两立，使谓绍为忠，则必谓王衷为不忠而后可也，何怪其相率臣于刘聪、石勒，观其故主青衣行酒，而不以动其心者乎？是故知保人下，然后知保其国。保国者，其君其臣，肉食者谋之；保天下者，匹夫之贱与有责焉耳矣。"

——顾炎武《日知录》

第二节　司马谈：孝亲立身

孝道是人类最基本的道德，在中国古代，无论是帝王将相，还是士绅家庭，始终将对子女的孝道教育放在重要的位置上。在很多人看来，子女对父母尽孝，主要体现在衣食奉养方面，其实这是一种狭义的理解。自孔子开始，中国孝道文化对子女就有着更高层面的要求，子女对父母的孝心应当更多地体现在葆有善心、行止合理、立身成才、效忠君王等方面，子女在这些方面取得一定的成就才是对父母真正的宽慰，使他们真正地开心。这种"孝"才是真正的孝道。在古代的家庭中，西汉的司马谈、司马迁父子是以这种孝行垂范后世的，司马迁的治史成才历程是最值得当今的我们深刻体味的孝道故事。

家　世　渊　源

司马谈（约公元前165年—公元前110年），西汉夏阳（今陕西省韩城县南）人。司马谈是西汉前期有名的具有独立见解的思想家，他有广博的学问修养，曾经向汉代著名天文学家唐都学习过观测日月星辰的天文之学,向汉初有名的《周易》传承者杨河学习过《周易》,向擅长黄老之术的黄子学习过黄老学说。司马谈还曾经写了《论六家要旨》一文,这篇文章论述了儒、墨、名、法、阴阳、道六家思想的主张,并评述其优劣,他个人肯定并推崇道家思想。司马谈在这篇文章中表现出的明晰思想和批判精神,无疑给儿子司马迁后来为先秦诸子作传以良好的启示,而且,对司马迁的思想、人格和治学态度也有必然的影响。

司马谈还是西汉前期有名的史学家。汉武帝建元至元封年间,司马谈担任太史令,通称太史公,俸禄为六百石,掌管天文、历算、图书,还执掌记录、搜集并保存典籍文献。这个职位是汉武帝新设的一个官职,也可以说是汉武帝为司马谈"量身定制"的。因此,司马谈对汉武帝感恩戴德、尽职尽责。

司马谈的儿子司马迁(公元前145年—?),字子长。司马迁生于公元前145年,在父亲司马谈担任太史令之前,司马迁"耕牧河山之阳",在家乡生活。汉武帝任命司马谈做太史令之后,为了供职方便,举家迁居长安茂陵显武里,司马迁也就跟随父亲到了长安,并受教于孔安国学习《尚书》,师从当时的经学大师董仲舒,学习公羊派的《春秋》。此外,司马谈还精心传授儿子作为太史令的必要知识与技能,如搜集民间遗文古书,整理图书典籍,研习天文星历、占卜祭祀,等等,这些知识教育与职官教育为年轻的司马迁打下了坚实的学识基础。

司马迁在二十岁那年开始了漫游生活。这就是他在《史记·太史公自序》中所说的:"二十而南游江、淮,上会稽,探禹穴,窥九疑,浮于沅、湘;北涉汶、泗,讲业齐、鲁之都,观孔子之遗风,乡射邹、峄;

厄困鄱、薛、彭城,过梁、楚以归。"漫游归来后,司马迁被任命为郎中,奉命"西征巴、蜀以南,南略邛、笮、昆明"。之后,又因侍从武帝巡狩、封禅,游历了更多的地方。这些非凡的漫游经历让司马迁广泛接触了吴越文化、楚文化、齐鲁文化、巴蜀文化,丰富了司马迁的历史知识和生活经验,扩大了司马迁的胸襟和眼界,更重要的是实地考察历史古迹、风土人情,可以获得第一手信史资料,更能体会平民的思想感情和现实愿望。这对他后来写作《史记》有极其重要的影响。

公元前110年,汉武帝东巡,封禅泰山。这是千载难逢的盛典,司马谈却被留滞周南,不得随行,他又急又气,生命垂危。对司马谈而言,作为一名史学家,他感到自孔子逝世后的四百多年间,诸侯兼并,史记断绝,当今海内统一,司马谈很想修订一部史书来论载明主贤君、忠臣义士等的事迹,以承前启后,供明主贤君借鉴。但无奈病重,未能尽到记载书写的职责,因此内心十分不安。司马谈弥留之际,与儿子相见于河洛之间,他郑重地嘱咐儿子司马迁不要忘记自己想要修订论著的愿望,希望儿子能够完成自己未竟的事业。司马迁流着泪答应了要实现父亲的遗愿。

孝亲立身

如果把司马谈临终嘱托儿子完成自己的遗愿一事放在当下,可能很多子女会有这样的疑惑:作为父亲,我孝顺你是应该的,可是你所干的事情并不是我喜欢的,为什么你未尽的心愿非要我去完成呢?但是,在司马迁那个时代,对于父亲遗愿的继承是"孝"更高层面的体现。这一点,在司马谈、司马迁父子诀别之时的遗训《命子迁》中讲述得非常清楚。

在这篇遗训里,司马谈对太史令这一官职及其地位十分看重,他从自己的祖先谈起,说自己的祖先是周王室的太史官,元祖曾经在虞、夏两朝显露功名,掌管记录百官的事情,字里行间洋溢着自豪之情。然后,司马谈谈到了自己,无奈寿命不长,他十分遗憾自己没有能够完成著述历史的任务,也不希望到自己这里中断了史官的职业,因此,司马谈恳切地希望儿子能够继续做太史官,并且完成修史的重任。

在谈到子承父业这一重任时,司马谈上升到了"孝"这一人情伦常的高度,以至于司马迁不能推辞。司马谈说,孝道起始于侍奉父母,继之于效命君王,完成于立身处世。当自己扬名于后世,让父母为自己感到自豪、骄傲,由此让世人都知晓自己的父母,这是大孝。司马谈举例说,天下都称颂周公,说他能传播文王、武王的德行,宣扬周公、邵公艰苦创业的作风,表达古公亶父、季历的思想,直到公刘的功业,以崇尚先祖后稷。由此可见,对父亲遗风、遗志的继承与发扬是大孝的表现。所以,司马谈告诉儿子,孔子修复旧礼以振兴颓废的礼乐,评说《诗》《书》,创作《春秋》,使人们至今还以它们为准则,而现在,自己作为史官,不能沿着孔子的笔迹继续记载史籍,荒废了天下的历史文籍,自己是非常担忧的,因此,希望司马迁时刻牢记这件事情。

可以说,正是这篇《命子迁》,影响了司马迁一生的事业、一生的命运。司马谈去世三年后,司马迁正式继任父亲司马谈的职位,担任太史令一职。他以极大的热情来对待自己的职务,一方面,他正道直行,尽心尽力地工作,以求尽忠于皇上;另一方面,他大量阅读

名士家风

国家藏书、整理历史资料,为完成父亲的遗愿做准备。这样,经过四五年的准备后,司马迁正式开始了《史记》的写作,来实践他父亲论载天下之文的遗志。这一年司马迁四十二岁。

正当司马迁专心著述的时候,巨大的灾难降临在他的头上。天汉二年(公元前99年)李陵率兵随同李广利抗击匈奴,兵败投降,朝野震惊。当汉武帝问及司马迁对此事的看法时,司马迁直言以告,认为李陵投降是因为寡不敌众,且没有救兵,只是出于一时的无奈,将来必定会寻找机会报复,因此,责任并不完全在李陵身上。汉武帝听了司马迁的看法勃然大怒,认为司马迁是有意在替李陵开脱罪责,并借此贬责汉武帝爱姬李夫人的哥哥贰师将军李广利。司马迁因此而获罪,并于天汉三年(公元前98年)下"蚕室",接受了"腐刑"。这对司马迁来说是极大的摧残与耻辱,他想到一死了之。然而,他又想到自己的著述还未完成,父亲的遗愿还未达成,不应该轻易就死。最终,司马迁从"昔西伯拘羑里,演周易;仲尼厄陈蔡,作《春秋》;屈原放逐,著离骚;左丘失明,厥有国语;孙子膑脚,而论兵法;不韦迁蜀,世传吕览……"等先圣先贤的遭遇中找到自己的出路,决心"隐忍苟活",以完成自己的写作宏愿。

史 家 绝 唱

李陵之祸三年后,司马迁被赦免出狱,并且升为中书令。名义上,司马迁现在的职位要比太史令高,但是,他深知自己只是"扫除之隶""闺合之臣",与宦官并无区别。这样反而更容易唤起他被损害、被侮辱的记忆,在《报任安书》中,司马迁说:"每当想到这件耻辱的事,冷汗没有不从脊背上冒出来而沾湿衣襟的。"但是,他的著作事业却从这里获得了更大的推动力量,在《史记》的若干篇幅中,司马迁流露了对自己不幸遭遇的愤怒和不平。

太始四年(公元前93年),司马迁在《报任安书》中说:"我私下里也自不量力,用我那不高明的文辞,收集天下散失的历史传闻,粗略地考订其真实性,综述其事实的本末,推究其成败盛衰的道理,上自黄帝,下至于当今,写成十篇表,十二篇本纪,八篇书,三十篇世家,七十篇列传,一共一百三十篇,也是想研究自然现象和人类社会之间的关系,贯通古往今来变化的脉络,成为一家的言论。"可见,《史记》一书这时已经基本完成了。而自此以后,司马迁的事迹就无从考证了,他大概死于汉武帝末年或汉昭帝初年。据王国维《太史公行年考》推断,司马迁的生卒年大约与汉武帝相差不远。在司马迁死后许多年,他的外孙杨恽才把这部五十二万多字的不朽名著公之于世。

据《汉书·司马迁传》记载,司马迁遭受腐刑之后,之所以隐忍苟活,其根本的原因是"恨私心有所不尽"。这里所说的"私心",是司马谈留给司马迁的遗训——必须完成《太史公书》。也正是为了完成父亲交给他的这一伟大的事业,司马迁超越了个人的痛苦,战胜了自我,甘心为历史文化事业而忍辱负重,终于写成了彪炳千秋的巨著《史记》,而被后世尊为史迁、太史公、历史之父。

《史记》(原名《太史公书》)在我国历史学上具有划时代的意义,它是中国第一部纪传体通史,被公认为是中国史书的典范。全书包括十二本纪、十表、八书、三十世家和七十列传,共一百三十篇,五十二万六千五百字。"本纪"除《秦本纪》外,还叙述历代最高统治者的政绩;"表"是各个历史时期的简单大事记,是全书叙事的联络和补充；"书"是个别事件的始末文献，它们分别叙述天文、历法、水利、经济、文化、艺术等方面的发展和现状，与后世的专门科学史相近；"世家"主要叙述贵族侯王的历史；"列传"主要是各种不同类型、不同阶层人物的传记，少数列传则是叙述国外和国内少数民族的历史。《史记》就是通过这样五种不同的体例和它们之间的相互配合和补充而构成了完整的体系。它记述了上自传说中的黄帝时期，下至汉武帝太初（公元前104年—公元前101年）年间，长达三千多年的政治、经济、文化等方面的历史发展，是我国古代历史的伟大总结。作为"二十五史"之首，《史记》被鲁迅誉为"史家之绝唱，无韵之离骚"。

更为可贵的是，司马迁虽然把《史记》看作是第二部《春秋》，但他并不以儒家思想为独尊。多年的游历、自身的遭际，增加了司马迁思想中的唯物因素和批判精神，他确立了自己的修史观——"究天人之际，通古今之变，成一家之言"，这使司马迁在创作《史记》时，比同时代的许多人站得更高，更具有思想的进步意义。尽管有些史学家对司马迁及《史记》有不同的看法，如班固曾指责说《史记》的是非标准颇与儒家圣人的观念相抵触，在讨论天地自然的大道理时，首先注重的是黄老之学，然后才涉及儒家经典，在叙述游侠的事迹时，排斥有志节的隐士而专为一些奸雄人物立传，在记录工商业经济状况和相关人物的活动时，崇尚发财致富的势利而以贫贱为耻辱，认为这些都是司马迁观念上的困蔽和局限性所在。但班固的指责正是司马迁《史记》修史隐微而不明说的用意所在，是司马迁修史思想进步的重要体现。

司马迁不仅是一位著名的史学家，还是一位出色的文学家。除《史记》的创作外，《汉书·艺文志》还收录了司马迁的赋八篇，今仅存有名的《报任安书》和《悲士不遇赋》两篇。其中,《报任安书》是研究司马迁生平思想的重要资料,也是一篇饱含感情的杰出散文。这篇文章是司马迁写给朋友任安的一封书信,他以激愤的心情,陈述了自己的不幸遭遇,抒发了为完成著述而决心忍辱含垢的痛苦心情,传达了一种进步的生死观。《悲士不遇赋》是司马迁晚年的作品,篇幅短小,仅有一百八十余字,但是表达的思想却很明确,一则感叹"士生之不辰",反映了当时文人生不逢时的普遍情绪,二则不甘于"没世无闻",与《报任安书》一脉相承,表现了司马迁为实现父亲遗训而坚忍不拔的精神境界,同时,也对黑暗的社会现实表达了强烈的控诉和批判。

有人说,如果没有司马谈的《命子迁》,历史上就可能没有司马迁的《史记》。这句话很有道理。所谓父慈子孝,生在史官世家,司马谈以身垂范,影响了儿子司马迁的人生之路,而司马迁呢,超越了对父亲能养能敬的小孝,子承父业,完成了一部百世流芳的《史记》,彰显了父亲司马谈的教诲之德,这是中国古代孝道思想的升华,是大孝。正因为如此,司马谈、司马迁父子对后世的孝道文化产生了深远的影响,直到今天仍然值得我们深思回味。

附:相关历史史料节选

太史公学天官于唐都,受《易》于杨何,习道论于黄子。

——《史记·太史公自序》

太史公执迁手而泣曰:"余先周室之太史也。自上世尝显功名于虞夏,典天官事。后世中衰,绝于予乎?汝复为太史,则续吾祖矣。今天子接千岁之统,封泰山,而余不得从行,是命也夫,命也夫!

余死,汝必为太史;为太史,无忘吾所欲论著矣。且夫孝始于事亲,中于事君,终于立身。扬名于后世,以显父母,此孝之大者。夫天下称诵周公,言其能论歌文武之德,宣周邵之风,达太王王季之思虑,爰及公刘,以尊后稷也。幽厉之后,王道缺,礼乐衰,孔子脩旧起废,论《诗》《书》,作《春秋》,则学者至今则之。自获麟以来四百有余岁,而诸侯相兼,史记放绝。今汉兴,海内一统,明主贤君忠臣死义之士,余为太史而弗论载,废天下之史文,余甚惧焉,汝其念哉!"迁俯首流涕曰:"小子不敏,请悉论先人所次旧闻,弗敢阙。"

——《史记·太史公自序》(《命子迁》)

人固有一死,或重于泰山,或轻于鸿毛,用之所趋异也。

盖文王拘而演《周易》;仲尼厄而作《春秋》;屈原放逐,乃赋《离骚》;左丘失明,厥有《国语》;孙子膑脚,《兵法》修列;不韦迁蜀,世传《吕览》;韩非囚秦,《说难》《孤愤》;《诗》三百篇,此皆圣贤发愤之所为作也。

所以隐忍苟活,幽于粪土之中而不辞者,恨私心有所不尽,鄙陋没世,而文采不表于后也。

——《报任安书》

论大道,则先黄、老而后六经,序游侠,则退处士而进奸雄,述货殖,则崇执利而羞贫贱。此其所蔽也。

——《汉书·司马迁传》

第三节 陆游:报国恤民

时下,很多家长对子女的教育要求十分简单直接:"成功""找个好工作""有房有车"等等,至于其他方面都可以淡化,甚至忽略掉。其实,这种家庭教育是片面的,并不利于子女未来的成长、生活。南宋爱国诗人陆游是一个深得家庭教育真味的家长,他与子孙亦师亦友,共同切磋学问、共议国家大事,他以诗文教育子孙爱家人、爱苍生、爱国家,在中国家庭教育方面独树一帜。

家世渊源

陆游(1125年—1210年),字务观,号放翁,越州山阴(今浙江绍兴)人。陆游出身于江南的名门望族、藏书世家,自小就受到了良好的教育。

陆游的高祖陆轸是大中祥符年间的进士,官至吏部郎中。

陆游的祖父陆佃,字农师,号陶山,师从王安石,精通经学,官居尚书左丞,所著《春秋后传》《尔雅新义》等是陆氏家学的重要典籍。据载,因为祖上为官清廉,家境并不宽裕,陆佃少时勤学苦读,夜间攻读诗书,为了节约灯油,就借隔壁墙洞漏光读书,或者在皎洁的月光下看书。后来,为了到金陵(今南京)去向王安石求学,陆佃竟然肩背一捆草鞋,一路风餐露宿,步行到金陵。一路上,草鞋磨破了就换一双再走,裤带断了竟用草绳代替。后来,陆佃位高权重,依然两袖清风,并立下严格的家规家训,如陆家在逢年过节或有族人过生日时,制"笼饼"以示庆贺。陆佃临终前,把陆游的父亲陆宰叫到跟前,郑重嘱咐将这一习俗作为家训传承。后来,陆游的姑妈远嫁新昌石城,在立夏时节回娘家来省亲,发现桌上摆着笼饼,她思来想去:立夏这天并无家人过生日,怎么会有笼饼上桌呢?这时,陆游的祖母解释说:今天因远嫁的宝贝女儿回娘家才做了笼饼。陆家生活上的节俭程度令人敬佩!

陆游的父亲陆宰,字符钧,精通诗文、富有节操。北宋末年出仕,历任淮西提举常平、淮南东路转运判官等职。朝廷南渡后,陆宰因主张抗金而受到朝廷主和派的排挤,于是辞官不做,家有藏书楼"双清堂"。陆游的母亲唐氏是北宋参知政事(副相)唐介的孙女,出身名门的大家闺秀。

出生在陆氏家族,对陆游而言是幸运的,因为家庭的宽容、勤学、廉洁、爱国之风濡染着他,忠君爱国的思想从小就深深地植根在他的心中。无奈,陆游生不逢时,他生于两宋之交,成长在偏安的南宋,民族的矛盾、国家的不幸、家庭的流离,给他的心灵带来不可磨灭的印记,从而使抗金爱国、恢复中原的理想融入了他的血液里,成为他毕生的信念与为之奋斗不已的人生目标。

陆游自幼聪慧过人,先后师从毛德昭、韩有功、陆彦远等人,十二岁就能诗会文。因长辈有功,陆游受皇帝恩荫被授予登仕郎之职。绍兴二十三年(1153年),陆游进京参加进士考试,主考官陈子茂将陆游取为第一,朝中当权者秦桧的孙子秦埙则位居陆游之下,秦桧大怒,要降罪于主考官。第二年(1154年),陆游又参加礼部考试,秦桧指示主考官不得录取陆游。自此,陆游被秦桧所嫉恨,仕途不顺。

绍兴二十八年(1158年),秦桧病逝,陆游被赐进士出身,历任福州宁德县主簿、敕令所删定官、隆兴府通判等职,因为坚持抗金,陆游屡次遭到主和派的排斥。乾道七年(1171年),陆游应四川宣抚使王炎的邀请,投身军旅,任南郑幕府。次年,幕府解散,陆游又奉召进入四川,与范成大相知。宋光宗即位后,陆游被升任为礼部郎中

第四部分 志向篇

兼实录院检讨官,但不久,就因为"嘲咏风月"被罢官。嘉泰二年(1202年)宋宁宗诏陆游入京,主持编修孝宗、光宗《两朝实录》和《三朝史》,官至宝章阁待制。书编成之后,陆游就长期蛰居在山阴,直至嘉定二年(1210年)忧愤成疾,与世长辞。

陆游的一生宦海沉浮,仕途不顺,却倾注文字、笔耕不辍,其诗词文史的创作均有很高的成就,留有《剑南诗稿》《渭南文集》《老学庵笔记》《南唐书》等,以其雄奇豪放、沉郁悲凉而饱含爱国热情对后世影响深远。

重节崇德

在陆游的祖上以及陆游教育子孙后代的很多文字史料中,都保留着重视子女教育的印记,尤其以陆游的教子诗、《放翁家训》为主要体现。陆游作为一个崇尚节操、秉性刚强的学者,同时又是一个慈祥、开明的父亲,这些文字是他一生生活经验的总结,饱含了一个用心良苦的家长对子孙苦口婆心的嘱告。无论是教导子女勤读诗书、安于农耕、重教崇德,还是训诫子女忠心报国、为官廉直、体恤百姓,他都是以朴素的语言娓娓道来,给子女以人生的教诲和哲理的启示,至今仍然启发为人父母者思考让子女勤奋读书的意义。

"耕读"是陆氏家风的主线。陆游六岁时因躲避战乱随父亲寄居东阳山乡,在当地入了乡学读书,九岁时回到绍兴转入云门草堂攻读。在云门草堂,陆游从诗经到论语、从本草到兵书,无书不读,并且,书法绘画样样都学。偶尔回去与父母小住也绝不放松读书。用陆游自己的话说就是,"客来不怕笑书痴,终胜牙签新未触""挑灯夜读书,油涸意未已",他的一生真正是"万卷古今消永日,一窗昏晓送流年"。

陆游不仅自己刻苦攻读诗书,而且要求子孙们也要读天下书,做到博学广识、学以致用。陆游勉励儿子要珍惜时光,勤奋学习:"我老空追悔,儿无弃壮年""我今仅守诗书业,汝勿轻捐少壮时""已与儿曹相约定,勿为无益费年光"……他还向子孙们传授了许多学习的方法:一要勤奋,"古人学问无遗力,少壮工夫老始成";二要踏实,"文能换骨余无法,学但穷源自不疑";三要力行,"学贵身行道,儒当世守经";四要虚心,"巍巍夫子虽天纵,礼乐官名尽有师"……

更为重要的是,陆游认为,教育子女好好学习并非简单地让孩子熟读诗书,将来考取功名,教育的真正意义在于,身体力行、学以致用。让子女学习古人的高风亮节,具有良好的道德操守,就能够影响民风、政风,真正地服务社会、报效国家。

陆游教育子女多向品德高洁、学问精湛的师长学习,与他们"相从勉讲学,事业在积累。仁义本何常,蹈之则君子",力争做一个有道德操守的君子。他教育子女为人处世要重视节操与修养,"闻义贵能徙,见贤思与齐",要多向品学兼优的人学习,做个被人称道的"善人","果能称善人,便可老乡里。勿言五鼎养,肉食吾所鄙",这要比做达官贵人更好。即便生活陷入困顿,也要为人正直,保持节操,"吾侪穷死从来事,敢变胸中百链刚"。因此,陆游告诫儿子,读书不是要追求高官厚禄,应该时刻想着为百姓民生做点事情,"万钟一品不足论,时来出手苏元元";不要贪图富贵,一定要保持代代相传的清白家风,"富贵苟求终近祸,汝曹切勿坠家风";就是做官,也要勤于政务、清清白白地做一个为民众欢迎的清官,"夙夜佐而长,努力忘食眠"。

第四部分 志向篇

陆家是世家显族,宦学相承、清白俭约、注重节操,处在国运不定之际,陆游一方面忧虑子孙屈志从人谋求富贵,用市侩手段谋求利益,所以,他告诫子孙要远离世俗的影响,永远保持高尚的道德情操。另一方面,陆游关心国运,念念不忘祖国的统一大业,所以,他教育子孙要以国家大事为重,无论将来是务农,还是做官,都要为民造福、报效国家,实实在在地做事做人。

报国恤民

作为一名爱国诗人,陆游一生创作诗词无数,其中给子女们写的家教诗特别多,他还留有二十六则《放翁家训》,这些作品充分体现了陆游的满腔热情:心心念念不忘守国、爱国、护国,时时刻刻不忘爱民、惜民、济民。纵观陆游的一生,虽有报国之志、恤民情怀,但由于政治腐败、时局动荡,他的收复失地、尽忠国家的理想始终未能实现。然而,陆游却始终怀有爱国热情,不遗余力地用自己的言行与思想影响着子孙后代,希望他们能报国恤民,完成自己未尽的理想。而陆游的子孙后代也没有辜负他的期望,不论为官为民,都做到了忧国忧民、正直忠贞。

陆游共有六个儿子、两个女儿。嘉泰二年(1202年)初,次子陆子龙赴吉州(今江西吉安县)担任司理参军一职,此时,陆游七十八岁。从内心讲,陆游深知仕途的艰难,并不乐意儿子出去做官,但他也理解儿子为官的意义。临别时,陆游写了《送子龙赴吉州掾》的送行诗给儿子。诗的开篇提到:"我老汝远行,知汝非得已。"尽管不得已,但是你既然要去赴任,那就要清白自守,做一个廉洁清正的官,因为你是吉州的官吏,喝的是吉州的水,就要为吉州百姓做好事。

同时,陆游提醒儿子要尊老敬贤,向吉州当地的名望人士学习,尤其提到益国公周必大、吉水的杨万里,他们地位高、名气大,清廉耿介、品德高尚,但是,陆游提醒儿子不要依赖这些人庇护自己。此外,陆游提醒儿子要同当地的友人共勉仁义,如陈希周、杜敬叔等,要与他们共同切磋学问、积累见识,促使自己成为有仁义道德的人。作为父亲,陆游关心、爱护自己的儿子,通过向他传授为官之道来表达自己的热切希望。

陆子聿是陆游最小的儿子,陆游的家教诗有一半是写给陆子聿的。陆游生前,陆子聿未做官。二十岁时,陆子聿及第,为官奉议郎。陆游曾写《冬夜读书示子聿》一诗,告诫陆子聿做学问要不遗余力,不仅要学习书本知识,而且还要亲自实践,彻底了解事物的本质,这强调了将书本知识运用于实践的重要性。陆子聿在宋宁宗嘉定十一年(1218年)担任溧阳令,从其为官的表现来看,确实听从了父亲的教导。据《溧阳县志》卷九记载:子聿"锄暴安良,威惠兼济。革差役和买之弊,除淫祠巫觋之妖。仍兴起学校,士风丕变。至于官署学舍,邮传桥梁之属,罔不以次完缮"。

此外,陆游的长子陆子虞曾任淮西濠州(今安徽凤阳)通判,陆游八十三岁那年,濠州受到金兵的进攻,陆子虞直接参加了抗金斗争。

晚年的陆游回忆起自己当年在川、陕边关一带谏言献策,力图收复失地的经历,写了一首诗《仆顷在征西大幕,登高望关辅乐之,每冀王师拓定,得卜居焉,暇日记此意以示子孙》,他告诉儿子,要收复失地,必须开发渭水流域,但是,自己老了,看不到南北江山统一的一天,希望子孙后代能举家西迁,加入到西部开发的行列中去,赶走侵略者、收复中原。这首诗充分体现了一个爱国老人忧国忧民的高尚情怀。即便是在弥留之际,陆游也没有别的牵挂,内心深处依旧充满了对外族入侵中原的愤恨,以及不能亲眼看到祖国山河统一的遗憾。那首绝笔诗《示儿》希望儿孙能够在日后祭祀九泉之下的他时,传递祖国统一的好消息。

当然,陆游满心牵挂的祖国统一大业最后并未如他所愿,但是,子孙后代用生命在不遗余力地践行着他未竟的事业:陆游的孙子陆元廷为抗金奔走呼号,积劳成疾,后来听闻宋军兵败崖山忧愤而死。曾孙陆传义,与敌人势不两立,崖山兵败后绝食而亡。玄孙陆天骐在崖山战斗中宁死不屈,投海自尽。陆氏一家满门忠烈,为了国家和民族大义做出了不可磨灭的贡献,这对陆游来说是最大的告慰。

古语说:"遗儿千秋富贵,莫若良言一句。"陆游以德治家,教育孩子学习要"为天地立心,为生民立命,为往圣继绝学,为万世开太平",他用子孙优秀的品德行为告诉我们:深刻而独到的家庭教育所形成的良好家风是无形的、潜在的,影响力是巨大的、久远的,而且,良好的家风是社会正能量的重要源头,它必然会影响到学风、民风、政风,能够有效推动民族发达、国家昌盛。

附:相关历史史料节选

天资慷慨,喜任侠,常以踞鞍草檄自任,且好结中原豪杰以灭敌。自商贾、仙释、诗人、剑客,无不徧交游。宦剑南,作为歌诗,皆寄意恢复。

——叶绍翁《四朝闻见录·陆放翁》

宋诗以苏、陆为两大家,后人震于东坡之名,往往谓苏胜于陆,而不知陆实胜苏也。少工藻绘，中务宏肆，晚造平淡。朝廷之上，无不已划疆守盟、息事宁人为上策，而放翁独以复仇雪耻，长篇短咏，寓其悲愤。

——赵翼《瓯北诗话》

诗界千年靡靡风，兵魂销尽国魂空。集中什九从军乐，亘古男儿一放翁。

——梁启超《读陆放翁集》

世之贪夫，溪壑无餍，固不足责。至若常人之情，见他人服玩，不能不动，亦是一病。大抵人情慕其所无，厌其所有。但念此物若我有之，竟亦何用？使人歆艳，于我何补？如是思之，贪求自息。若夫天性澹然，或学问已到者，固无待此也！

后生才锐者，最易坏。若有之，父兄当以为忧，不可以为喜也。切须常加简束，令熟读经学，训以宽厚恭谨，勿令与浮薄者游处，自此十许年，志趣自成。不然，其可虑之事，盖非一端。吾此言，后生之药石也，各须谨之，毋贻后悔。

——陆游《放翁家训》

近村远村鸡续鸣，大星已高天未明；床头瓦檠灯煜爚，老夫冻坐书纵横。暮年於书更多味，眼底明明见莘渭。但令病骨尚枝梧，半盏残膏未为费。吾儿虽戆素业存，颇能伴翁饱菜根。万钟一品不足论，时来出手苏元元。

——陆游《五更读书示子》

古人学问无遗力，少壮工夫老始成。纸上得来终觉浅，绝知此事要躬行。

——陆游《冬夜读书示子聿》

第四节　夏允彝:民族正气

中华民族是个十分讲究气节的古老民族。对于一个民族而言,气节体现在历史发展的各个阶段,表现为这个民族所坚持的信仰追求、文明准则、价值尺度等;对于一个人而言,气节体现在人生发展的各个方面,表现为个人的理想信念、人格节操等。我们推崇民族气节,无非是在塑造一种时代风貌、一种社会风气、一种人生准则、一种人格养成。在不缺物质财富、不缺科学技术、不缺军事实力的当今中国社会,我们推进中华民族的伟大复兴工程,最需要的就是要追求民族气节。所以,那些镌刻在史册中的有气节的人物,在今天的社会生活中仍不失积极的意义。明朝时期的夏允彝、夏完淳父子弘扬民族正气的精神气概仍然具有重大价值。

一 身 正 气

明末清初,全国上下遍地都是农民起义,清兵不断对长城内外进行武装侵犯,整个大明王朝岌岌可危。在民族危亡的动荡局势中,涌现了一对后世敬仰的父子民族英雄——夏允彝和夏完淳,也让后世见识了夏氏一族满门的民族正气。

夏允彝(1596年—1645年),字彝仲,号瑗公,松江府华亭县(今属上海松江)人,江南名士。夏允彝自幼好学,擅长文辞。万历四十六年(1618年)夏允彝中了举人。崇祯二年(1629年),大名士张溥在吴江把南北许多知名文社的负责人召集起来,包括江南应社、浙西闻社、江西则社、中州端社等,结成新的"复社",他们强调"以学救时,以学卫教"。与此同时,夏允彝与陈子龙、徐孚远、杜麟征等人在松江成立了新的师生、亲友相传的"几社",宣扬"绝学有再兴之几,而得知几神之义",他们诗文酬和,揭露时政浑浊、民生疾苦,具有一定的社会学术声望,后来演变成一股政治势力。

崇祯十年(1637年),夏允彝中进士,但他的仕途很短暂,只做过福建长乐县知县,前后约有五年的时间。为官期间,夏允彝能够体恤民情、革除弊俗,因为政绩优秀,成为当年由吏部点名表扬的全国政绩突出的七位"优秀"知县之一,受到崇祯皇帝的亲自接见。可惜,由于母亲病逝,他只能回老家为母守制。

崇祯十七年(1644年),李自成攻陷北京,福王在南京监国,任命他为吏部考功司主事。夏允彝急忙拜谒史可法,共同商议恢复明室大计,由于南明弘光政权的迅速崩溃,夏允彝最终才不获展,身居林野乡间的他仍旧思虑民族安危,希望能够有所作为。

弘光元年(1645年),清军进攻江南,由于当时清朝在江南的统治还不稳固,大明义师纷纷揭竿而起抗击清军,反抗民族压迫,力图挽救大明王朝,当时明朝残余的军事力量也散落其间。这时,夏允彝与陈子龙等也在江南起兵抗清,他暗中写信给自己的学生、江南副总兵吴志葵,商议合兵攻取苏州,然后收复杭州,再进兵南京,以图保有明朝江南半壁河山。可惜,吴志葵优柔寡断,并无长远谋略,军中将士也多有懈怠,心存二心,苏州城不仅未被攻下,这些大明残留的军队也大败四溃。

兵败之后,家乡人都劝夏允彝趁乱渡海去他曾经为官的福建再招募军队,以图恢复。夏允彝考虑再三,担心举事再败会蒙羞万世。此时,驻扎在松江的清军主将早就耳闻夏允彝的威名,也想借助夏

第四部分 志向篇

允彝的声望笼络人心,表示只要他肯出山,一定委以重任,即便不愿在新朝做官,出来见一面也行。但夏允彝以"贞妇"自比,明确表示自己不事二朝,严词拒绝了。他给自己的好友陈子龙等人写信交代后事,将未完成的文集《幸存录》交给自己的独子夏完淳,嘱咐他毁家饷军,精忠报国,代替自己完成恢复大明的志愿。九月十七日那天,夏允彝遣散家人,从容地自投松江塘而死。据载,松江塘水浅,只达到夏允彝腰身以上,而这位大明才子生生将自己的头埋在水中,呛肺而死,他背部的衣衫都未浸湿,以此生祭了大明王朝,死时甚至不到五十岁。夏允彝的兄弟、儿子、妻妾等家人,都遵从夏允彝的嘱咐,肃穆哀恸地站立在水边凝望,此情此景带有一种悲壮的仪式感。临死前,夏允彝还留下了一首示儿的绝命诗,表示自己青年时期受到父亲教育,又长期受到国家的恩惠,自己以身殉国,以表忠心,也希望子孙后人,不要忘记中兴国家的重任。

顺治四年春,明鲁王赐谥夏允彝为"文忠"公,并遥授他的儿子夏完淳为中书舍人。

亲 朋 忠 义

夏允彝的独子夏完淳(1631年—1647年),乳名端哥,别名复,字存古,号小隐,又号灵首。自幼聪明,"五岁知五经,七岁能诗文",有神童之誉。夏允彝考中进士后,就把七岁的夏完淳带在身边,亲自教育。他不仅教夏完淳读四书五经、天下诗文,而且非常注重爱国主义的教育,经常给儿子讲述岳飞、文天祥、于谦等民族英雄的事迹,激励他学习他们的品德和气节。夏允彝在福建长乐做知县期间,教导儿子注重研究历史,关注当前的政治局势,在处理公文的过程中,也经常让儿子参看当时的文书抄本和战事情报。这让夏完淳对清兵陈兵长城脚下、明朝江山危局常常忧心忡忡。每当夏允彝与来访客人一起研讨诗文、讨论国家大事时,他总让儿子出来陪客人一起说古论今。在夏允彝的影响下,夏完淳不仅具有出众的文学才华,而且具有独到的政治眼光和政治见识。当清军入关占领北京后,十四岁的夏完淳在父亲的带领下,毅然离家,投入到挽救明王朝、反对民族压迫的斗争中去。

夏完淳的成长,除了父亲夏允彝的教育外,其他夏氏族人及周围亲朋好友对他的影响也十分深刻。他们多是一身刚烈、热爱国家与民族的忠义之士,共同引领着夏完淳走向一条抗击清军、以振民族的壮烈之路。

与夏允彝齐名、世称"陈夏"的陈子龙(1608年—1647年),与夏允彝是同年进士,也是当时大名鼎鼎的文学家。明王朝危亡之际,陈子龙为当时的科学和文化发展做了两件极为有意义的事情。一是他与徐孚远、宋徵璧一起编辑了《皇明经世文编》,这是一部总结明朝两百多年政治、经济、军事、农田、水利、文化等经验,用以改变当时现实、经世致用的书籍;二是他整理了徐光启的农学著作《农政全书》,并做了《凡例》来概述《农政全书》的基本宗旨、各篇内容、思想渊源,抒发了他本人的社会经济主张。当面对明末农民起义和清军的步步紧逼之势,陈子龙为挽救明朝国运,先后出任浙江省绍兴府司理、代理诸暨知县、兵科给事中等职,后因朝政混乱、受人排挤而辞官归乡,在泖滨避居。同夏允彝一样,陈子龙拒绝了已经降清的旧友陈洪范、故将洪恩炳等人的招抚,矢志坚持抗清立场。他与徐孚远及陈湖义士集众千余人,与夏允彝一起联络吴志葵攻打苏州，结果兵败。夏允彝投水殉国后，将母亲、妻子等托付于陈子龙，陈子龙本人也有老祖母需要赡养，因此，他隐姓埋名、割发为僧，生活在嘉善县陶庄水月庵，等待继续抗争的时机。弘光元年，明宗室鲁王监国，授命陈子龙为兵部尚书，陈子龙暗中策动清朝松江提督吴胜兆反清，兵变失败，陈子龙被捕，在押解到南京途经松江跨塘桥时，他做出了与夏允彝一样的人生选择——跳江自杀殉国，死时尚不满四十岁。夏完淳十二岁起师从陈子龙，父亲殉难后，夏完淳跟随陈子龙继续抗清，在兵败后被俘，不屈而死，年仅十六岁。

夏允彝的兄弟夏之旭，当年与夏允彝并驾齐驱，以文才著名。但是，夏之旭的科举之路并不顺利，止步于秀才。在夏允彝前往福建省长乐县当知县期间，他负责在家照顾年迈的母亲。明朝灭亡后，夏之旭听从陈子龙的安排，参与策反吴胜兆，事败之后被缉捕，他自缢于当地文庙，也是一个气节凛然的烈士。夏完淳十二岁时，聪明外露，父亲夏允彝让他陪客时，他经常在席间大谈军事策略及边防情况，作为伯父，夏之旭常提醒夏完淳不要过于张狂，这对他后来养成谦虚沉静的人生态度有重要的作用。

夏完淳的岳父钱彦林是嘉善一代极有名望的才子，他性格豪爽，被称作钱长公。明朝灭亡时，钱彦林积极组织义军，参加抗清，后来，因为掩护陈子龙而被捕，和夏完淳同一天为国捐躯。钱彦林的长子钱熙才气纵横，也因参加抗清活动积劳成疾而去世，令夏完淳伤心不已。钱彦林的堂兄钱栴也和共同夏完淳抗清，和他们翁婿二人在同一天壮烈殉国。钱夏两家为了民族大义不可避免地都遭受了家破人亡的悲惨命运。

此外，夏完淳的奶奶、嫡母盛氏等经常教他《满江红》《正气歌》

等爱国诗歌,使他小小的心灵除了学问、功名,更多了一些对国家、民族、社会的关注和思考。夏完淳的异母姐姐夏淑吉的夫家是浙江嘉定的侯家,也是江南有名的才子之家,在抗清斗争中,父子几人同时遇难,几乎全家都为国捐躯。这种民族气节对夏完淳来讲也是一种震撼和感染……

夏氏一族、师友亲朋共同铸就了一个具有民族气节的生活环境,在这样的环境中,夏完淳注定会获得一种有别于他人的民族大义力量。

生 死 壮 游

在父亲夏允彝和师友亲朋的深刻影响下,夏完淳幼年时期就立下了为国捐躯的志向。

崇祯十六年(1643年),夏完淳与同县友人杜登春等组织了"西南得朋会"(后改名为"求社"),成为"几社"的后继。第二年春,农民起义军席卷北方,夏完淳自称"江左少年",上书四十家乡绅,请求他们举义兵为皇帝出力。

十五岁那年,夏完淳在完婚后,就随父亲夏允彝、老师陈子龙毅然离家,投身到抗清的民族斗争中。兵败后,夏完淳目睹父亲投水自殉的刚烈死状,更加坚定了他必死的抗清斗志。他接过父亲肩上的重担,按照父亲留下的"破家纾难"的叮嘱,变卖了所有家产,捐做义师军饷,继续为抗清奔走呼号。

1646年,夏完淳追随老师陈子龙与太湖义军联系,投奔了明朝原兵部职务司主事吴易统领的义军,担任参谋职务。这支义军队伍很有战斗力,先后收复了江苏的吴江、浙西的海盐,逼使清军一时间驻扎在苏州城内不敢出战。后来,清军调集人马重创义军,在撤退嘉善西塘的途中,夏完淳与义军失去联系。夏完淳后来暂避在嘉善岳父家中,曾想渡海到明鲁王处再图谋举事,却不幸于六月底被清朝军队逮捕,由水路押往南京受审。

到了南京,总督军务洪承畴亲自审讯夏完淳,并对他进行劝降。洪承畴说:"你小小年纪懂得什么?怎会举兵叛逆?无非是受了贼人误导,如果归顺大清的话,谋个一官半职是不成问题的。"夏完淳装作不认识洪承畴,也不跪拜,高声回答说:"我听说亨九先生(洪承畴的字)是本朝人中之杰,先皇都曾表彰过他在松山、杏山战役中的勇武。我曾经非常仰慕他的忠烈之举,别看我年纪小,但杀身报国怎能输给他呢?"当差役告诉夏完淳审讯他的就是洪承畴时,夏完淳更是声色俱厉地说:"天下之人都知道亨九先生早已为国捐躯了,皇帝都亲临祭坛祭拜过他,你们这些叛贼,怎敢假托亨九先生的威名,污蔑忠魂呢?"洪承畴非常羞愧,竟至无言以对。

夏完淳被关押在南京监狱里,忧虑的不是个人生死,而是国家危亡、壮志未酬。他始终谈笑自若,写了名为《南冠草》的诗集,诗中感慨时事、怀念师友、悼念逝者,慷慨悲凉,传颂千古。他还继续创作了父亲所作的政论集《续幸存录》,分析南明弘光王朝败亡的原因,凸显了个人的远见卓识。后来,郭沫若读了该书,也惊叹:"完淳不仅为一诗人,而实为备良史之才者也。"

在狱中,夏完淳自知不可存活,他眷念母亲妻子,写下了《狱中上母书》《遗夫人书》等告别家人的文章。其中,《狱中上母书》是写给嫡母盛氏和生母陆氏的绝笔信。信中,夏完淳为"不得以身报母"而深感悲痛,为家中八口人的生计深感忧虑;但他又认为"以身殉父"是死得其所的,所谓的"忠"和"孝"在当时的社会背景下,是和民族气节紧密联系在一起的。夏完淳认为:人总有一死,死贵在死得其所,父亲能成为忠臣,儿子能成为孝子,含笑归天,完成分内之事,自己的神魂可以遨游于天地之间,无愧于天地。这充分表达了夏完淳以身赴义、视死如归的民族气节。《遗夫人书》是夏完淳写给妻子的遗书,信中称赞妻子深明大义、贤淑孝顺的品德,为自己累及妻子无处托身深表歉疚和牵挂。全文饱含热泪,表达了不忍与妻子诀别的痛苦心情。

1647年9月19日,夏完淳因所谓"通海寇为外援,结湖泖为内应,秘具条陈奏疏,列荐文武官衔"的罪名被处决。临刑时,他站立不跪、神色不变,令刽子手战战兢兢,不敢正视他。过了很久,刽子手才持刀断喉,处死了夏完淳。夏完淳死后,友人杜登春、沈羽霄替他收殓了遗体,葬于松江区小昆山镇荡湾村夏允彝的墓旁。1961年,上海市文物保管委员会修葺了夏允彝、夏完淳父子的坟墓,并立了墓碑,时任国务院副总理陈毅亲笔题写了碑文"夏允彝夏完淳父子之墓",表达了总理对这两位民族英雄的敬仰之情。

回望夏氏父子的一生,恰如夏完淳所言,都是"英雄生死路,却似壮游时"。他们为了自己的国家与民族,慷慨赴义、毁家纾难难能可贵,这种精神气节已经幻化成一个民族的人格化特征、一个民族存续的精神品质。和平时期的生活中,也许不易区分出气节的高低,然而在逆境中、在危难中,一个人的气节就显现出来了,民族自尊、民族抗争、民族牺牲等精神特质就展现出来了。因此,在当下的教育中,我们必须重视孩子的气节教育,这对我们紧跟历史的步伐、推动中华民族的伟大复兴有着重要的历史与现实意义。

第四部分 志向篇

附：相关历史史料节选

夏允彝，字彝仲。弱冠举于乡，好古博学，工属文。是时东林讲席盛，苏州高才生张溥、杨廷枢等慕之，结文会名复社。允彝与同邑陈子龙、徐孚远、王光承等亦结几社相应和。崇祯十年，与子龙同成进士，援长乐知县，善决疑狱。他郡邑不能决者，上官多下长乐。居五年，邑大治。吏部尚书郑三俊举天下廉能知县七人，以允彝为首。帝召见，大臣方岳贡等力称其贤，将特擢。会丁母忧，未及用。

——《明史》

夏允彝字彝仲，号瑗公；松江华亭人。嘉善籍。通"尚书"。万历四十五年戊午举人，崇祯十年丁丑进士。宏光立，为吏部主事。清兵下松江，允彝避匿。其兄强之谒官，允彝潜赴池中死。同年陈子龙挽诗云："志在'春秋'真不愧，行成忠孝更何疑！"

——《明季南略》

少受父训，长荷国恩，以身殉国，无愧忠贞。南都既没，犹望中兴。中兴望杳，安忍长存？卓哉我友，虞求、广成、勿斋、绳如、憨人、蕴生，愿言从之，握手九京。人谁无死，不泯者心。修身俟命，警励后人！

——夏允彝绝命诗

包身胆，过眼眉，谈精义，五岁儿。

——陈继儒《夏童子赞》

人生孰无死，贵得死所耳。父得为忠臣，子得为孝子，含笑归太虚，了我分内事。

——夏完淳《狱中上母书》

第五节 顾炎武：家国忠贞

爱国主义精神是中国人精神的主流、核心的价值观,它是中国千百年历史发展过程中沉淀下来的一种对祖国的深厚感情。不畏强权的晏婴、抗击匈奴的霍去病、精忠报国的岳飞、抗击倭寇的戚继光、少年英雄夏完淳等,他们让爱国主义精神表现为保持民族气节、捍卫国家尊严、维护疆土完整等具体的形式。明末清初的顾炎武进一步升华了爱国主义精神的内涵——胸怀天下、忧国忧民、文化兴邦……他的"天下兴亡,匹夫有责"的思想不仅影响了顾氏后裔,更是砥砺了无数华夏子孙,使爱国主义成为一个民族、国家赖以生存与发展的情感精神、道德准则。今天,为了实现我们的中国梦、实现中华民族的伟大复兴,我们的家庭教育依旧要唱响爱国主义的主旋律。

家世渊源

顾炎武(1613年—1682年),明朝南直隶苏州府昆山(今江苏省昆山市)千灯镇人。本名绛,乳名藩汉,别名继坤、圭年,字忠清、宁人,曾自署蒋山佣。因为仰慕文天祥的学生王炎午的为人,于是改名炎武。后又因顾炎武居所旁有亭林湖,所以,学者们尊其为亭林先生。

顾炎武所属的顾氏一族,早在三国时期就是江南大族。顾氏族人多为文人,在学而优则仕的年代里,他们大多从政为官。并且,为官又多尽忠职守,在国家危亡之时,都能挺身而出,表现出对民族、对国家的忠贞情怀。这种情怀历经风霜,沉淀在顾氏一族的家风精神中。

据载,顾炎武的曾祖父顾章志入朝为官时,朝中严嵩父子专权,同僚们都忙着巴结讨好严嵩父子,唯独顾章志始终冷眼以待,与其保持距离,不同流合污,丝毫不害怕得罪了这对权臣父子会有什么后果,这在当时的官场实属罕见。

明万历四十一年(1613年),顾炎武出生,他原为顾同应之子,曾祖顾章志。顾炎武的祖父顾绍芾和父亲顾同应两人都学富五车,但是因为奸臣当道,都不愿意出来为官。他们从小教育顾炎武要读有用的书、做有用的人,要忠诚于自己的国家和民族。后来,顾炎武被过继给去世的堂伯顾同吉为嗣,寡母是王述之女,是个知书达礼的大家闺秀,她十六岁未婚守节,白天纺织,晚上看书至二更才休息。王氏视顾炎武为己出,独立抚养顾炎武成人,经常以岳飞、文天祥、方孝孺等爱国英雄的忠义事迹激励他。可以说,顾炎武一生念念不忘恢复故国,拯救民族沦亡的志向与这种家庭教育的熏染是分不开的。

顾炎武十四岁取得诸生资格后,与同窗归庄志趣相投,所以结成莫逆之交。十八岁时,二人一同前往南京参加应天乡试,又一起加入复社。因顾炎武以"行己有耻""博学于文"为学问宗旨,屡试不中,于是,二十七岁时,他断然弃绝科举帖括之学,读遍历代史乘、郡县志书,以及文集、章奏之类,辑录了其中有关农田、水利、矿产、交通以及地理沿革的材料,开始撰述《天下郡国利病书》和《肇域志》。崇祯十六年(1643年)夏天,顾炎武以捐纳成为国子监生。

顾炎武不断寻求自我成长的时期,也是大明王朝步入覆灭的时期。当时,朝政腐败黑暗,北方新兴的女真族已经成为明朝巨大的外患,揭竿而起的起义军是明朝内部的隐忧。生逢乱世,许多仁人志士奋身而起,甚至不惜以书生之手,拔剑迎敌。无奈,腐朽的大明王朝早已岌岌可危,让他们报国无门、屡屡受挫。当女真族建立清朝政权,突破山海关打入北京之后,明朝的残余力量又在南京拥立了一个皇帝,建立起新的朝廷——南明弘光小朝廷,许多仁人志士将恢复山河的希望都寄托在这个朝廷身上,其中就包括顾炎武。

匹夫有责

顾炎武一生并没有做官,他学识渊博,在经学、史学、小学、金石考古、方志舆地以及诗文诸学上,都有较深造诣,他那经世致用的鲜明旨趣、朴实归纳的考据方法、另辟蹊径的探索精神宣告了晚明空疏学风的终结,开启了一代朴实学风的先路,给清代学者以极为有益的影响,被称作清代朴学的开山始祖,并最终被清王朝请入孔庙受祭祀。

所以,人们普遍认为顾炎武是一个学者。

然而,顾炎武又不是一个十分纯粹的学者。生逢明清朝代更替之际,顾炎武面对同胞的苦难和华夏文明的危机,他给自己立下了一个终身的誓言——"拯斯人于涂炭,为万世开太平"。因此,无论遇到怎样的艰险,顾炎武始终奔走于民间,关注民生疾苦、关心国家大事,致力于以天下为己任、以学术兴天下的伟大社会事业。他综合自己的家国情怀、经世致用和研究成果,努力为他生活的时代,也为后人指出为人为学、成事成人的路径。这也是后人将顾炎武尊为中国伟大的爱国主义思想家的原因。

清兵入关后,顾炎武受昆山县令杨永言的推荐,加入南明朝廷担任兵部司务。顾炎武在取道镇江赶去南京就职的路上,满腔热忱,思考谏言。他把自己平生所学与抗敌之事结合起来,撰写成《军制论》《形势论》《田功论》《钱法论》,即著名的"乙酉四论",针对南明政权军政废弛及明末的种种弊端,从军事战略、兵力来源和财政整顿等方面提出了一系列的建议。

然而,顾炎武还未到达南京,南京就被清兵攻占,弘光帝被俘,南明军队崩溃,清军铁骑又指向苏州、杭州。一时间,江南各地抗清义军纷纷涌起。顾炎武和挚友归庄、吴其沆等投笔从戎,参加了以佥都御史王永柞为首的一支义军。这支义军打算先收复苏州,再夺取杭州、南京及沿海城市。可惜,义军实力不敌气焰正炽的八旗精锐,当他们刚攻进苏州城就遭遇伏击而溃败,松江、嘉定相继陷落。顾炎武潜回昆山,又与杨永言、归庄等守城拒敌。几日后,昆山失守,死难者多达4万余人,吴其沆也战死了。顾炎武的生母何氏右臂被清兵砍断,两个弟弟被杀,他因为在昆山城被攻破之前已经前往语濂径而幸免于难。九天后,常熟被清兵攻陷。顾炎武的嗣母王氏听闻消息后,绝食殉国,临终前嘱咐顾炎武说:"我作为一个妇道人家,深受皇上恩宠,与国家同存亡,这也是一种大义。你要记住,不能做他国的臣子,不能辜负世代皇恩,不能忘记先祖遗训,这样,我就可以长眠地下了。"

顾炎武安葬了嗣母王氏之后,明宗室唐王朱聿键在福州称帝,顾炎武受大学士路振飞的推荐,又被委以兵部职方司主事。因母亲新丧,顾炎武无法赴任,但他仍旧积极参与抗清活动。顾炎武曾参与了陈子龙策动吴胜兆举义、联络"淮徐豪杰"等抗清力量、与人创建惊隐诗社进行秘密抗清活动,等等,很多抗清活动都一再受挫,但顾炎武以填海的精卫自比,并未因此而颓丧。

激浊扬清

嗣母王氏的去世给顾炎武深深的震撼,顾炎武后来在纪念嗣母的《先妣王硕人行状》中,写下"呜呼痛哉"四个字,既是为家而伤痛,又是为国而伤痛。他不忘母训,自顺治十四年(1657年)元旦开始,七年之间多次千里迢迢去哭谒明陵,以寄托自己的故国之思,表明自己的志向。并且,即使生活在清朝,顾炎武也用实际行动捍卫着自己忠贞于国家的信仰。

康熙十七年(1678年),康熙帝开博学鸿儒科,招明朝遗民,顾炎武三次致信叶方蔼,表示"耿耿此心,终始不变",以死坚决拒绝推荐。康熙十八年(1679年)清朝朝廷开明史馆,熊赐履邀请顾炎武一起修《明史》,顾炎武拒绝说:"愿以一死谢公,最下则逃之世外"。

嗣母王氏去世后,顾炎武一度返回故乡昆山,但因家族风波被迫离乡亡走,长期过着旅居的生活。他常常骑着一匹马,在马背上手不释卷,身后还有一匹马驮着书籍和手稿。顾炎武往来于鲁、燕、晋、陕、豫诸省,遍历关塞,实地搜集史志图书资料,考察各地民生风俗,撰写治世书籍,直至晚年才定居在陕西华阴。

顾炎武将书中学问与实践真知结合起来,融会贯通,他关注国计民生,所著的《日知录》《天下郡国利病书》《音学五书》《亭林诗文集》等,提出了很多独到的见解,给当世及后世留下了深刻的启示。

作为一名学者,顾炎武着眼于自己的民族和民族的传统文化,用自己一生的抗清经历告诉我们怎样才是深刻的爱国思想。在社会更替之际,顾炎武提出"保天下者,匹夫之贱,与有责焉耳矣",并认为爱国很重要的方面就是要总结历史的经验教训,使它成为后人的财富,用以维持我们民族文化的血脉。后来,梁启超把这种爱国思想凝练为"天下兴亡,匹夫有责"八个字。可以说,顾炎武把传统的爱国思想提升到一个新的水准,体现了他以天下为己任的家国情怀,值得国人深思。

同时,对于治国,顾炎武也有自己的认知。他指出,"诚欲正朝廷以正百官,当以激浊扬清为第一要义",认为治国必须倡廉知耻,为官者、士大夫都必须有道德修养,这是关系兴邦安国的大计。此外,治理社会需要引导人们尊崇高尚的道德,做到"朝廷有教化、士人有廉耻、天下有风俗"。可以说,顾炎武的廉耻观振聋发聩,体现出对廉洁、美好社会的无限期望。

作为顾氏家族的成员,顾炎武受家庭的熏陶,非常注重对晚辈的气节教育。顾炎武有三个外甥:徐乾学、徐秉义、徐元文,他们都在清朝做官。顾炎武游历在外,很少有机会与他们见面,但多年以来书信不断。外甥们多次邀请年届七十、客居他乡的顾炎武回江南家乡养老,都被顾炎武拒绝了。在给外甥的信中,顾炎武很少谈及自己的生活,更多地告诉外甥们自己所见所闻的"关辅荒凉""阖门而聚苦投河"的民生疾苦,叮嘱外甥们要"不忘百姓"。同时,顾炎武还同外甥们探讨史书问题,告诫他们学史鉴今,把"博学于文"和"行己有耻"结合起来,强调"学"与"行"的统一,把为学和做人共同作为立身之道,勉励外甥们要做清官、做好官。

为了保持自己思想和学术的独立,顾炎武甘守清贫,漂泊一生。康熙十九年(1680年),顾炎武的夫人死于昆山,他在夫人的灵位前痛哭祭拜,作诗云:"贞姑马鬣在江村,送汝黄泉六岁孙。地下相逢告父姥,遗民犹有一人存。"康熙二十一年(1682年)正月初四,顾炎武在山西曲沃韩姓友人家,上马时不慎失足,呕吐不止,于初九逝世,享年七十岁。

顾炎武是明清交替之际的一位杰出的爱国者,也是宋明理学到清代朴学转变过程中的学术领路人。他之所以能成为举世敬仰的伟大学者,根源于其忠贞的爱国情怀。顾炎武一生坚持所走的那条经世致用的治学之路,也是一条心怀天下的救世之路,顾炎武立志保全的"天下"本质上就是"仁义"的精神内核,是国家赖以存在的文化基础。他这种炽热的救世情怀影响了一代又一代的学人,推动了中国社会的变革,势必也会继续影响未来中国的发展。

附:相关历史史料节选

作为"人师"的顾炎武,在道德理想和文化实践两方面,都为后代读书人树立了不朽的人格典型。

——郭英德《明清文学史讲演录》

我生平最敬慕亭林先生为人……但我深信他不但是经师,而且是人师。

——梁启超《中国近三百年学术史》

保天下者,匹夫之贱,与有责焉耳矣。

——顾炎武《日知录·正始》

今日者,拯斯人于涂炭,为万世开太平,此吾辈之任也。

——顾炎武《亭林文集·病起丁蓟门当事书》

不忘百姓,敢自托于鲁儒;维此哲人,庶兴哀于周雅。

——顾炎武《亭林诗文集·答徐甥公肃书》

某虽学问浅陋,而胸中磊磊,绝无阉然媚世之习。

——顾炎武《亭林文集·与人书》

人之不廉,而至于悖礼犯义,其原皆生于无耻也。故士大夫之无耻,是谓国耻。

礼仪廉耻,国之四维。四维不张,国乃灭亡。

——顾炎武《日知录·廉耻》

博学于文,行己有耻。

——顾炎武《亭林文集·与友人论学书》

诚欲正朝廷以正百官,当以激浊扬清为第一要义,而其本在于养廉。

——顾炎武《亭林诗文集·与公肃甥书》

君子之为学也,以明道也,以救世也。

——顾炎武《亭林文集》